理工系数学のキーポイント 5　　キーポイント 微分方程式

和達 三樹・薩摩 順吉 編

理工系数学のキーポイント●5

キーポイント 微分方程式

佐野　理

岩波書店

編集にあたって

　理工系学生にとって，数学は欠くことのできない道具である．物理学，化学，生物学などの基礎的分野を理解するために必要なばかりでなく，急速に発展する技術革新の現場において数理科学としての数学が大きな役割を果しているからである．計算機の発達と相まって，この傾向は当分続きそうに思われる．

　一方，数学はそれほど嫌いではないのだが，どうも自信がもてない，わかったような気がしない，という声をよく聞く．また，大学に入って急に数学が難しくなり，講義がさっぱりわからないという学生もたくさんいる．これらの多数派諸君にとって，同じような教科書が何冊あっても助けにはならないようである．異なるアプローチはないのか．何かもっと直接に問いかける方法があってもよいのではないか．これらが『理工系数学のキーポイント』シリーズを編集した理由である．

　このシリーズでは，執筆者自身が学生時代に経験した数学の「難所」をいくつか選びだし，それらの攻略法をていねいに解説する．執筆者は，ほぼ全員が数学者ではない．しかし，日々の研究生活において「生きた数学」を取り扱っている．数学者ではない視点と研究で培われた柔軟な思考が生かされればと期待している．

　とくに標準的な数学の教科書は，厳密性や一般性を強調するあまり，え

てして定義・定理・証明を羅列し，無味乾燥な印象を与えることが多い．そのため，難解な教典を解読するように，1冊の本を読みこなすのが苦行になることもある．数学そのものを研究対象とする人にとっては，厳密性や一般性を意識することは重要であるかもしれない．しかし，数学を使う立場の人間にとっては，それらを多少犠牲にしても，要点を知るだけで十分な場合が多い．また抽象的な概念よりも，具体的に計算する方法を知りたいことも多い．そこで，本シリーズでは，以下の方針で執筆していただくよう，各著者にお願いした．

すべての事項を平等に記述する教科書のスタイルはとらない．また，定義・定理・証明といった順序には固執しない．理解を深めるための証明以外は，既刊の教科書や参考書に譲ることも多い．その代りに，狙いを定めたポイントについては，十分にページ数を割いて解説する．ポイントの本質がわかるように，場合によってはくどいほど説明を加えることもある．さらに，内容はできるだけ応用例を意識し，抽象的な概念の説明だけに終らないようにする．

ポイントさえしっかり理解できれば，あとは平坦な道である．数学をもはや恐れる必要はない．重要なポイントの本質を知ったあとでは，高級な本を読んだり，難解な講義をきく際にも，これはこう考えればよいのだとリラックスした気持ちであたれるはずである．本シリーズで基礎的なことがらを自習し，数学を勉強する楽しさを倍増させてほしい．

このシリーズは，

1. キーポイント　微分積分
2. キーポイント　線形代数
3. キーポイント　ベクトル解析
4. キーポイント　複素関数
5. キーポイント　微分方程式
6. キーポイント　確率・統計

の全6冊で構成されている．シリーズの趣旨から言って，数学のすべての分野をカバーすることを試みているわけではない．おもに，大学1, 2年で

学ぶ基本的な事項に焦点がしぼられており，理工学のより高度な課題を理解するのに必要なものを選んだ．各巻は独立に読めるように配慮してあるので，必要に応じてどの巻から読んでもよい．また，1つの巻では，どのポイントから読んでもそれほどの困難さはないはずである．

　編者は，『理工系数学のキーポイント』をまとめるにあたって全巻の原稿を読み，執筆者に再三注文をつけた．快く改稿に協力いただいた執筆者に感謝する．また，執筆者相互の意見交換や岩波書店編集部から示された見解も活用させていただいた．このシリーズの目的は，読者の自信と納得の手助けにあるのだから，こんごは読者諸君からの意見を取り入れながら，なおいっそうの改良を加えていきたい．

　1992年9月

編者　和達三樹
薩摩順吉

まえがき

　本書は大学の 1, 2 年次で学ぶ微分方程式の自習書ないしは参考書である．ふつうの教科書と違って，微分方程式のすべての分野を網羅することを意図したものではない．とくに重要な事項にポイントをしぼり，それらについて大学の上級生が下級生に教えるような気持ちでかみ砕いた説明を試みた．

　微分方程式の専門書や教科書はこれまでにも数多く出版されているが，これを応用するという立場で眺めてみると，必ずしも親切なものばかりとは思えない．数学的な厳密性や一般性が強調され過ぎると，往々にして具体的な例が少なくなり，これを読破するのが困難になる．また逆に，問題を解いて得られた結果の膨大なリストが与えられても，その中から目的にあった公式を探すのはこれまた大変な仕事である．

　実際の応用にあたって，例題で解いたことのある解答がそのまま使えることはめったにあるものではない．大切なことは，二，三の基本的な考え方をしっかりと理解しておき，これらを積み重ねて問題を解決していく能力を培うことである．最終結果にたどり着く道はいろいろあってよい．自分の頭の中でいろいろなアイデアを結びつけながら一歩ずつ足を踏みはずすことなく進んでいくことができるなら，たとえそれが遠回りであっても血の通ったものになっており，得られた結果に自信をもつことができるは

ずである．

　「数式が出てくるとどうも難しくてわからなくなる」という言葉をよく耳にする．筆者もそういう体験をした一人である．そもそも数式はある種の内容を表現するために考案された言葉のひとつであるが，それはわれわれが普通に話す言語に比べてかなり特殊なものである．数学者は抽象化を好むので，本来は目で見たり手にとって実感したりできるものをどんどん抽象化し，その行き着いた究極の概念で話したがる傾向がある．たしかに，個々の具体的な事例を一般化し，その中に潜む本質的な部分だけに着目した方がわかりやすいことも多々あるのではあるが，それはそのような道をたどってきた人の言うことで，初学者がいきなり知らない言葉でしかも早口で話しかけられたのではたまらない．

　数学の言葉は厳密で簡潔であるから，文章ではながながと書かなければならないことや，言葉ではとても表現し尽くせないものまで，ときには一行足らずの数式で充分表現できる．したがって，慣れていない人がこれを読もうとするならそれ相応の時間と注意をはらうことが必要である．あせって上滑りをしたのでは何にもならない．どの外国語を学ぶ場合にもそうであるように，まず「数学語」の単語すなわち基本的な言葉の概念や記号の意味を知る必要がある．つぎにこれらを組み合わせて文章を作る．これがいろいろな量的な関係を表わす方程式である．

　さらにこれらを使って会話を楽しむ過程は，方程式を解いたり結果を吟味したりすることにたとえられよう．言葉に慣れないうちは会話のスピードを落とし，自分の頭の中でゆっくりとイメージをつなぎながら進むのがよい．あるいは何度も聞いてそのリズムや雰囲気から次第に意味を推し量っていくのもよいだろう．いずれにしても，あまり文法にこだわって顔を引きつらせていてはいけない．まずひとこと話しかけ，反応を確かめながら理解を深めていく——実際に方程式を書いたり解いてみたりする——これが数式という外国語に習熟する最善の方法であろう．

　本書の構成は次ページの図のようになっている．どの章も簡単な例から始めて，発展的に内容を深めていけるように，またどの ポイント もほぼ独

立に読めるように配慮してある．そのために説明があちらこちらで重複することは厭わなかった．すべての内容を有機的に結びつけておくと，たしかに効率はよいかもしれないが，途中のどこかでつまずいたときに先へ進めなくなる危険があり，これを極力避けたいと思ったからである．

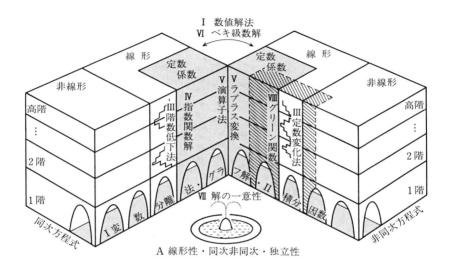

もっともそれぞれの ポイント の並べ方にまったく方針がなかったわけではない．全体としては1階の簡単な微分方程式から始めて1階の非同次方程式，同次の高階微分方程式，非同次の高階微分方程式，というように少しずつ複雑さが増していく．その意味では，はじめから読んでいった方がわかりやすい．読者がすでに知っているところはかなり速く読み飛ばすことができるはずである．

ポイント 7 や 8 には，数学や数理物理学の専門書に読み進むときに，しばしば登場するが，なかなかイメージがつかみにくいと思われるテーマをとりあげた．線形性と解の重ね合わせ，同次と非同次の方程式，解の独立性などはあちらこちらで簡単に触れているが，どの章とも関連が深い重要なテーマなので ポイント A としてもう一度最後にまとめた．

本書で用いている例題の種類は多くはないが，できる限り簡単で本質をついたものを選び，角度を変えて繰り返し用いている．これは微分方程式を解いた結果を公式として覚えるのではなく，それを解く過程に含まれている本質的な考え方を理解してもらいたかったからである．

組み上がった原稿を眺めてみると，紙数の制限から言い足りなかったところや，直感的イメージを優先させたために厳密性を犠牲にしたところなどが随所に見受けられ，あらためてこの種の書物の難しさを痛感している．今後の改良の糧とするためにも是非忌憚のないご批判をいただきたい．本書が何らかのきっかけとなって教科書や講義の理解が進み，またより高度な専門書へ読み進むための懸け橋になることを願ってやまない．

本書の執筆にあたり，編者の和達三樹，薩摩順吉の両氏には，内容の取捨選択や文章表現など細かい点まで多くのご教示を頂いた．また岩波書店編集部の吉田宇一氏には，編集者としてあるいは一読者としての貴重なご意見を頂いたほか，校正，印刷，製本に携わる方々にはいろいろとご無理をお願いした．皆様方に心から感謝の意を表したい．

1992 年 11 月

佐 野　　理

目次

編集にあたって
まえがき

ポイント1
微分方程式って何だろう …… 1

- なぜ微分・積分か …………………………………… 2
- 微分方程式をたてる ………………………………… 7
- 微分方程式を解く …………………………………… 9
- 変数分離法は単なる積分 …………………………… 12
- 計算機で解く方法 …………………………………… 18
- 図を描いて解を求める ……………………………… 20

ポイント2
積分因数の発見 …… 23

- 積分因数とは ………………………………………… 24
- 積分因数の求め方（I） ……………………………… 24
- ちょっと工夫をすれば… …………………………… 28
- 全微分のイメージ …………………………………… 30

完全微分形 ……………………………………………… 32
　　　積分因数の拡張 ………………………………………… 41
　　　積分因数の求め方(II)——消えた情報探し ………… 44

ポイント3
定数を変えて解を求める　　　　　　　　　51

　　　定数変化法とは ………………………………………… 52
　　　2階の場合の定数変化法 ……………………………… 57
　　　n階の常微分方程式の場合 …………………………… 59
　　　階数を少しでも下げる工夫を ………………………… 64

ポイント4
e^xの微分はe^x　　　　　　　　　　　67

　　　e^xは何回微分してもe^x ……………………………… 68
　　　指数関数解 ……………………………………………… 69
　　　指数関数の変数が複素数だったら …………………… 72
　　　定数係数線形2階の常微分方程式 …………………… 75
　　　変数係数を持つ微分方程式への拡張 ………………… 79
　　　特性方程式が重根を持っていたら …………………… 81
　　　定数係数線形高階の常微分方程式 …………………… 84

ポイント5
演算子法とラプラス変換　　　　　　　　87

　　　微分演算子とは ………………………………………… 88

目次 ——— xv

微分演算子を用いた同次方程式の解き方 …………… 89
非同次微分方程式の特解の求め方 ………………… 91
逆演算子の掛け算 ………………………………… 96
積分演算子 ………………………………………… 98
ラプラス変換 ……………………………………… 100
ラプラス変換の辞書作り ………………………… 104

ポイント 6 ——— 107
x^n さえ微分できれば解がわかる

ベキ級数展開 ……………………………………… 108
ベキ級数で表わされる解 ………………………… 110
級数が収束するとは ……………………………… 112
決定方程式 ………………………………………… 116
ベキ級数解はいつでも求められるか …………… 117
級数解が求められる条件 ………………………… 124
解の独立性 ………………………………………… 126
第2の解の求め方 ………………………………… 131
決定方程式の2根の差が整数のときは ………… 133

ポイント 7 ——— 139
リプシッツの条件とは

少しずつ近似を高めていけば …………………… 140
解の衝突と一意性 ………………………………… 147
一意性とリプシッツ条件 ………………………… 151
一意性の確認 ……………………………………… 155

ポイント8 グリーン関数の考え方 ……… 159

境界条件のある方程式を解く ……………… 160
グリーン関数のイメージ …………………… 162
グリーン関数の性質 ………………………… 165
デルタ関数とヘヴィサイド関数 …………… 166
グリーン関数を用いた解 …………………… 169
グリーン関数を求める手順 ………………… 170

ポイントA 解の重ね合わせと線形性 ……… 175

解の重ね合わせ ……………………………… 176
線形性 ………………………………………… 176
同次方程式と非同次方程式 ………………… 180
解の独立性 …………………………………… 183
ロンスキー行列式 …………………………… 185
独立な解の重ね合わせ ……………………… 187

あとがき　189
さくいん　195

ポイント 1

微分方程式って何だろう

「微分方程式」と聞くと何かとても難しいものを想像するかもしれない．しかし身の周りで変化するどんな現象をとっても，実は微分方程式と密接に結びついている．たとえば，電車に揺られながらあと何分くらいで目的地に着けるかを予想したり，あと何キロくらい坂道を登ったら頂上に着くかを予想したり，飛んでくるボールを上手に受け取るにはどうしたらよいかを考えたり…という具合に，それらを正確に予測したり調節したりしようとすれば，わずかな時間や空間にわたる変化を基にして先を読むことが必要となる．

微分方程式は何も難しい数学を使わなくては解けないというものではない．手計算やコンピュータで数値的に解いたり，図を描いて求めたりすることもできる．

まずやさしいものを自分の頭と手で確かめて，微分方程式というものに馴染んで欲しい．

なぜ微分・積分か

近代の自然科学は，今から約400年前にガリレイ(G. Galilei)の論理的推論と実験的検証によってその基礎が置かれた．それは地上の物体や天体の運動などの自然界の現象を詳しく観測し，そこに潜む法則を定量的で厳密な言葉——数学——で表現することから始まった．

たとえば，速さvは移動した距離Lをそれに要した時間Tで割ったもの

$$（速さv） = \frac{（移動した距離 L）}{（移動に要した時間 T）} \quad (1.1)$$

に等しい．あるいは分母を払うと

$$（移動した距離 L） = （速さv） \times （移動に要した時間 T） \quad (1.2)$$

である．この記述は実は速さが一定の値v_0を取り続けているときに限って正しい．運動を観測し始めた時刻を$t=0$，そのときの物体の位置を$x=0$に選び，その後の時刻tにおける物体の位置を$x(t)$と書くと，$L=x(t)$，$T=t$であるから，式(1.2)は

$$x(t) = v_0 t \quad (1.3)$$

となる．この関係は図1.1(a)に示したような長方形(斜線部)の面積に等しい．とくに$t=T$では$L=x(T)=v_0 T$である．

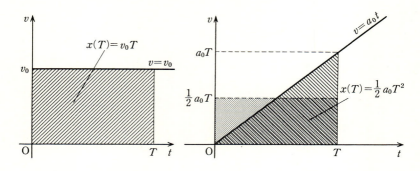

(a) 一定の速さの運動　　(b) 速さが一定の割合で増加する運動

図1.1　速さの時間依存性と移動距離

真空中での物体の落下の場合には，速さは

$$v = a_0 t \tag{1.4}$$

のように一定の割合で増加していく．

さて，移動距離を求めるために，式(1.3)と(1.4)から

$$x(t) = v_0 t = (a_0 t) \times t = a_0 t^2$$

と計算し，$t=T$ での値を求めて

$$L = x(T) = a_0 T^2$$

とすればよさそうに思うかもしれないが，実はこれでは<u>正しい値が得られない</u>．その原因は，上では，時間 $0 \leqq t \leqq T$ の範囲で同じ速さ $a_0 T$ で運動が続いていると仮定しているからである．

このときの速さと時間の関係は図 1.1(b) のような直線 ($v=a_0 t$) であり，時間 $0 \leqq t \leqq T$ の間の平均の速さは $\frac{1}{2}a_0 T$ である．移動距離はこれに経過時間 T を掛ければよい．これは図 1.1(b) の斜線部の三角形の面積に等しい．

$$L = (\text{平均の速さ}) \times (\text{経過時間}) = \left(\frac{1}{2}a_0 T\right) \times T = \frac{1}{2}a_0 T^2 \tag{1.5}$$

一般の時刻 t では T, L の代わりにそれぞれ t, x と書いて

$$x(t) = \frac{1}{2}a_0 t^2 \tag{1.6}$$

ということになる．

このように速さが時々刻々変化している場合には，どの時刻(あるいは区間)でどのくらいの速さであったかを正確に評価しておかないと正しい答えが得られない．これを正しく計算する数学的な道具が微分・積分と呼ばれているもので，ニュートン(I. Newton)やライプニッツ(G. Leibniz)等によって完成された．

これは考えている時間全体を短い区間に分割し，その1つ1つについて上で述べた考えをあてはめるものである．すなわち，非常に短い時間 Δt の間の位置の変化を考えれば，これはほとんど一定の割合で変化していると見なせるであろう(図 1.2)．

したがって，Δt の間の移動距離を Δx とすれば，速さ v は Δx を Δt で割ったもの $\Delta x / \Delta t$ でほぼ与えられる．これで近似が悪いときは Δt をさらに

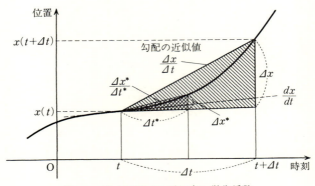

図1.2　微小区間での増加率と微分係数

小さくして変化の割合(図1.2の $\Delta x^*/\Delta t^*$)を調べていけば，いくらでも近似が良くなっていくであろう．

そこで最も正確なものとして Δt を0に近づけた極限を考え，それをこの時刻 t での瞬間的な速さと定義するのである．すなわち，

$$v = \lim_{\Delta t \to 0} \frac{\Delta x}{\Delta t} = \lim_{\Delta t \to 0} \frac{x(t+\Delta t)-x(t)}{\Delta t} = \frac{dx}{dt} \quad (1.7)$$

となる．ただし，極限値が定まらない場合にはこの考えが使えない．式(1.7)の最右辺の表式を，t における x の**微分係数**または**微係数**(differential coefficient)と言い，ディー・エックス・ディー・ティーと読む．これ以外にも

$$dx/dt, \quad x', \quad x'(t), \quad \dot{x}, \quad \cdots$$

などいろいろな表わし方があるが，意味はみな同じである．ここで x' はエックス・プライム，$\dot{x}$ はエックス・ドットと読む．(「′」をダッシュと読んで微分の意味に使うのは日本固有の習慣のようである．)

また特定の t の値だけでなく，変数 t のある範囲全体で微分係数を考えるときには，これを**導関数**(derivative)と呼ぶ．導関数を求めることを一般に x を t で**微分する**(differentiate)という．もちろん，微分は時間的な変化だけでなく，変数 x の関数 $y(x)$ についても同様に定義される．後者の場合には，横軸の変数 x の変化 Δx に対して縦軸方向に y が Δy だけ変化

するので $\Delta y/\Delta x$ はその区間での平均の勾配を，dy/dx はその点での局所的な勾配を表わす．

移動距離を計算したいときにも同様に極限の考え方を使うことができる．図1.3(a)のように速さが時々刻々変化している場合には，時間 $0 \leqq t \leqq T$ を N 個の微小な区間に分割する．その1つの区間 Δt_i（i 番目の区間という意味）について考えると，v は図1.3(b)のように単調に変化するであろう（もし単調な変化でなければ分割区間の幅をさらに小さくしていけばやがては単調になる）．

この微小時間 Δt_i の間に生じた移動距離は，やはり図の斜線部分の面積に等しい．これはまたその区間での平均の速さ $v(t_i)$ と Δt_i の積に等しい．ここで t_i は区間 Δt_i に含まれる"ある時刻"で，このときの v を用いると斜線部 ABCD の面積が長方形 ABC'D' の面積に等しくなるものとする．

これによって微小区間 Δt_i での移動距離が計算できるので，N 個の区間のすべてについて同様に計算して加え合わせれば，移動距離の合計 $x(t)$ が求められる．

$$x(t) = \sum_{i=1}^{N} v(t_i) \Delta t_i \tag{1.8}$$

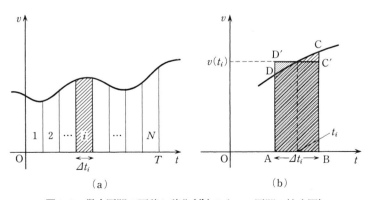

図1.3　微小区間の面積と積分（(b)は1つの区間の拡大図）

ここで，さらに分割区間の幅を0に近づけていくと，Δt_i は無限に小さな区間 dt になり，時刻 t のまわりの区間 dt では $v(t_i)$ は $v(t)$ と同じ値をと

る．このようにして (1.8) の極限をとったものを

$$x(t) = \int_0^t v(t)dt \qquad (1.9)$$

と書く．これを**積分**(integral)と呼ぶ．関数 $v(t)$ のように積分記号 $\int$ (インテグラルと読む) の中に現れた関数を**被積分関数**(integrand)と呼ぶ．積分上限の t は $x(t)$ の t と同じものであり，$v(t)$ と dt の t は積分の途中で現れる変数である．もし混乱するようであればそれを避けるために，つぎのように書くのがよい．

$$x(t) = \int_0^t v(s)ds$$

式 (1.7) (1.9) は，それぞれ式 (1.1) (1.2) の拡張であり，互いに逆の演算関係にある．表 1.1 に簡単な微分・積分の例を示す．

表1.1 簡単な微分・積分の例

$y = F(x)$ $\longrightarrow \atop \longleftarrow$	$\dfrac{dy}{dx} = F'(x)$
x	1
x^n	nx^{n-1}
$\sin x$	$\cos x$
$\cos x$	$-\sin x$
e^x	e^x
$\log x$	$1/x$

表 1.1 の内容以外には，つぎの性質を理解していれば十分である．

(ⅰ) **微分演算の線形性**

$$(aF(x) + bG(x))' = aF'(x) + bG'(x) \qquad (1.10)$$

ただし，a, b は定数．たとえば，$(3x^2 + 5x^4)' = 6x + 20x^3$ のように定数倍したり，和をとったりする演算と微分の順序が交換できる．

(ⅱ) **積の微分**

$$(F(x)G(x))' = F'(x)G(x) + F(x)G'(x) \qquad (1.11)$$

たとえば，$(x^2 \sin x)' = 2x \sin x + x^2 \cos x$.

(iii) 逆数の微分

$$\left(\frac{1}{F(x)}\right)' = -\frac{F'(x)}{F(x)^2} \tag{1.12}$$

たとえば，$\left(\dfrac{1}{x^2}\right)' = -\dfrac{2}{x^3}$.

(iv) 合成関数の微分

$$(F(G(x)))' = F'(G(x))G'(x) \tag{1.13}$$

たとえば，$(\sin 2x)' = 2\cos 2x$.

微分方程式をたてる

さて，式(1.3), (1.6)を t で微分すると，それぞれ

$$\frac{dx}{dt} = v_0 \tag{1.14}$$

$$\frac{d^2x}{dt^2} = a_0 \tag{1.15}$$

となる．上式のように方程式の中に導関数を含むものを**微分方程式**(differential equation)と呼ぶ．とくに式(1.14), (1.15)のように未知関数 x が1つの変数 t だけに依存する場合には**常微分方程式**(ordinary differential equation)と呼ぶ．微分方程式を作ることを微分方程式をたてるとも言う．

微分方程式をたてる例をさらにいくつか示そう．

例題 1

人口増加，あるいはもっと一般に生物個体の増加はどのような微分方程式で表わされるだろうか．

[解] 人口の増加は，新しく生まれてくる人の数から死亡する人の数を引いたものに等しく，そのどちらも総人口に比例すると考えてよい．もし生活環境などが良好で出生や死亡の割合が安定しているならば，人口の変

化の割合は p を時刻 t での人口として

$$\frac{dp}{dt} = ap \tag{1.16}$$

のような微分方程式で表わされるであろう．a は比例定数で，出生率から死亡率を引いたものである．

人口増加が進み生活環境が次第に悪くなってくると，人口増加を抑える傾向が増してきて式(1.16)では正しく表現できなくなる．これを考慮した1つのモデルが ポイント 3 の式(3.3)で示される．

例題 2

曲線 $y=f(x)$ の法線がつねに原点を通るなら，$f(x)$ はどんな微分方程式を満たすか．

[解] 曲線 $y=f(x)$ 上の点 (x_0, y_0) における接線の勾配は $f'(x_0)$ であり，法線はこれに直交する．すなわち，法線の勾配は $-1/f'(x_0)$ である．したがって，法線の方程式は，

$$y - y_0 = -\frac{1}{f'(x_0)}(x - x_0)$$

となる．これが原点 $(0,0)$ を通ることから，$x=y=0$ を代入して

$$-y_0 = \frac{x_0}{f'(x_0)}, \quad \text{すなわち} \quad f'(x_0) = -\frac{x_0}{y_0}$$

を満たさなければならない．点 (x_0, y_0) は曲線 $y=f(x)$ 上の任意の点であっ

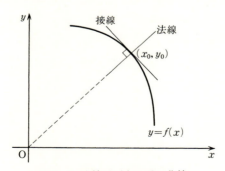

図 1·4 法線が原点を通る曲線

たから，(x_0, y_0) の代わりに (x, y) と書いて

$$f'(x) \equiv \frac{dy}{dx} = -\frac{x}{y} \tag{1.17}$$

を得る（図 1.4 参照）．ここで用いた ≡ という記号は，その両側にある表現が同じ意味である——あるいは定義である——ことを示す．

このようにして物理的な（あるいは社会的・経済的なものでもよい）条件や幾何学的条件を満たす微分方程式が得られた．微分方程式 (1.14)，(1.16)，(1.17) はすべてそれぞれの未知関数の 1 階の微分係数を含んでおり，**1 階**(first order) の微分方程式と呼ばれる．これに対して微分方程式 (1.15) は x の 2 階の微分係数を含むので **2 階**(second order) の微分方程式と呼ばれる．

一般に微分方程式の中に含まれているもっとも高い微分の演算回数を微分方程式の**階数**(order) と呼ぶ．たとえば，$y(x)$ に対する微分方程式

$$(y''')^2 + (y')^{10} + y = 0$$

においても，最高階の微分は y''' であるから階数は 3 である．y''' の項が 2 乗してあるからと言って，階数を 3 階×2＝6 階としたり，$(y')^{10}$ の方が 1 階×10＝10 階で $(y''')^2$ より階数が高い，などと勘違いしてはいけない．

微分方程式を解く

微分方程式を解くとは，微分の逆演算である積分を行なうことによって，微分方程式から導関数を含まない形で答えを求めることである．その結果得られた答えを**解**(solution) と呼ぶ．積分をうまく行なえば，たとえば 1 階の微分方程式ならば 1 回の積分で，2 階の微分方程式ならば 2 回の積分で解が得られる．

たとえば，微分方程式 (1.14) の両辺を t について積分すると，

$$x = v_0 t + C_1 \tag{1.18}$$

を，また 2 階の微分方程式 (1.15) を t について積分すると，

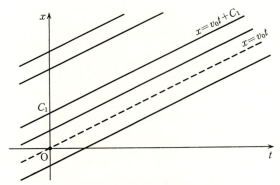

図1.5 微分方程式の一般解と特解

$$v \equiv \frac{dx}{dt} = a_0 t + C_1, \quad x = \frac{1}{2}a_0 t^2 + C_1 t + C_2 \quad (1.19)$$

を得る．ここで C_1, C_2 は積分定数である．このように積分に伴って任意の積分定数が現れる．一般には微分方程式の階数に等しい数の積分定数が出現する．この定数を含む解を**一般解**(general solution)と呼ぶ．

解(1.18)は図1.5に示したように，横軸に t，縦軸に x をとったグラフの上で斜めに書いた直線(x 切片が C_1 の無数の直線群)となる．

解(1.18)で，もし

$$t=0 \text{ のとき}, \quad x=0 \quad (1.20)$$

とすれば $C_1=0$ と決定され，グラフの上でも原点を通る斜めの直線

$$x = v_0 t \quad (1.21)$$

だけが選び出される．

式(1.21)のように，微分方程式の解のうち積分定数に特定の値を与えたものを**特解**(particular solution)と呼ぶ．また式(1.20)のように，積分定数を決めるのに用いた条件を**初期条件**(initial condition)と呼ぶ．特解を定めるには必ずしも $t=0$ で条件を与える必要はない．たとえば，「$t=1$ で $x=1$」としても「$t=t_0$ で $x=x_0$」としてもよい．どちらの場合でも時間 t を測り始める基準点をずらせば「$t=0$ で…」となるので，やはり初期条件と呼ぶ．

また例題2の問題に「式(1.17)の解のうち点(1,1)を通る曲線を求めよ」と付け加えると，「点(1,1)を通る」というのも初期条件である．出発点あるいはそれに代わる点で与える条件のことを初期条件と呼ぶのであって，それが"時間的な初期"という意味である必要はない．

同様にして，一般解(1.19)においても初期条件

$$t=0 のとき, \quad x=0, \quad v=0 \qquad (1.22)$$

を課すと(2つの積分定数を決定するので条件も2つ必要になる)，特解

$$x = \frac{1}{2}a_0 t^2 \qquad (1.23)$$

を得る．特解(1.21), (1.23)は，それぞれ式(1.3), (1.6)と同じものである．

微分方程式の起源はいつ頃であろうか．さきにも述べたように，ニュートンは微積分法を発見し(1665年の彼のメモに記載されている)，これを天体や地上での物体の運動などいろいろな研究に応用していた．$\dot{x}$はニュートンが用いた記号である．ライプニッツもその10年程のちに微積分法を再発見している．ところがこれを発表したのはライプニッツの方が先であった(1677年)ためにニュートン対ライプニッツの優先権争いが起こることになる．

ニュートンは実験と数学に練達した物理学者であったが，哲学者のライプニッツは推論のための論理的な道具として数学を使うことを考えていた．このために巧妙で新しい記号を次々と創り出し，今でもそのまま使われているものも多い．たとえば，無限に小さな量を表わすときに使うdや微分のd/dx，積分記号$\int$，また座標，関数，微分方程式などの用語も彼の命名である．座標そのものはデカルト(R. Descartes)によって西欧社会に導入され，図形的なもの(幾何学)を数量的なものの関係(解析学)に置き換える橋渡しの役をした．これはまた空間座標だけでなく時間座標を考えることによって運動を扱うのを可能にした．このようにして"変化する諸量の間の量的な関係や因果関係"を座標面上に表現することができ，ニュートンやライプニッツの微積分学を経て「微分方程式」による表現へと精密化さ

れ，自然科学研究の強力な武器となったのである．

変数分離法は単なる積分

例題1で述べた「人口増加の法則」の解を求めよう．まず，人口の変化の割合を表わす微分方程式は

$$\frac{dp}{dt} = ap \tag{1.16}$$

であった．いま，$p \neq 0$ であれば，両辺を p で割って

$$\frac{1}{p}\frac{dp}{dt} = a \tag{1.24}$$

としたのち，左辺を変形すると

$$\frac{d}{dt}(\log p) = a \tag{1.25}$$

となる(表1.1参照)．この両辺を t で積分すると

$$\log p = at + c \quad (c は積分定数) \tag{1.26}$$

したがって，

$$p = Ce^{at} \quad (C = e^c も積分定数) \tag{1.27}$$

を得る．このような指数関数的な人口増加の法則は**マルサスの法則**と呼ばれている．

さて，上の計算は $p \neq 0$ に限って許される．$p = 0$ の場合は別に扱わなければならない．そこで $p = 0$ とすると，人口が0なので人口増加率 $ap = 0$，したがって，$dp/dt = 0$ となる．これは，はじめに $p = 0$ なら，その後いつまでたっても $p = 0$ であり続けることを意味する．ところで，この解は式(1.27)で $C = 0$ とおいたものと同じである．結局のところ，解(1.27)ですべての場合が表わされているのである．このような面倒な吟味を避けて解を求める方法については ポイント 2 で述べる．

上の解法のうまいところは，式(1.16)を(1.24)のように変形したところにある．こうすれば両辺がそのまま積分できる．

この例を少し拡張して

$$\frac{dy}{dx} = f(x)g(y) \tag{1.28}$$

のような微分方程式を考えてみよう．もし $g(y) \neq 0$ ならば，式(1.28)の両辺を g で割って

$$\frac{1}{g(y)}\frac{dy}{dx} = f(x) \tag{1.29}$$

を得る．ここで，もし

$$\int^y \frac{1}{g(y)} dy = G(y), \quad \text{すなわち} \quad \frac{1}{g(y)} = G'(y) \tag{1.30}$$

となる関数 $G(y)$ が計算できたとすると，y が x の関数のときは式(1.13)で述べた"合成関数の微分"規則から，(1.29)の左辺は

$$\frac{1}{g(y)}\frac{dy}{dx} = G'(y)\frac{dy}{dx} = \frac{d}{dx}\Bigl(G(y(x))\Bigr) \tag{1.31}$$

となる．式(1.16)の例では

$$\int^p \frac{1}{p} dp = \log p, \quad \text{すなわち} \quad \frac{1}{p} = (\log p)'$$

$$\therefore \quad \frac{1}{p}\frac{dp}{dt} = (\log p)'\frac{dp}{dt} = \frac{d}{dt}(\log p)$$

となっており，これが式(1.25)にまとめられた理由である．式(1.31)を用いると，式(1.29)は

$$\frac{d}{dx}\Bigl(G(y(x))\Bigr) = f(x) \tag{1.32}$$

と変形できる．これはすぐに x で積分でき

$$G(y) \equiv \int^y \frac{1}{g(y)} dy = \int^x f(x) dx \tag{1.33}$$

を得る．$g(y) = 0$ の場合は別に調べておく必要がある．

ところで式(1.33)の形をよく見ると，中辺では y に依存した関数を y について積分し，右辺では x に依存した関数を x について積分するというこ

とになっている．したがって，形式的には式(1.28)で

> 「x, y に依存した部分を左右に分離し
> $$\frac{1}{g(y)}dy = f(x)dx \tag{1.34}$$
> とした上で，両辺をそれぞれの変数で積分する」

という操作と同じと考えてよい．このような考え方を**変数分離**(separation of variables)**による解法**，またこのやり方が使える微分方程式のグループを**変数分離形**と呼ぶ．

例題2の微分方程式
$$\frac{dy}{dx} = -\frac{x}{y} \tag{1.17}$$
は変数分離形である．これを
$$ydy = -xdx$$
と変数分離し，両辺をそれぞれの変数で積分すると
$$y^2 = -x^2 + C, \quad \therefore \quad x^2 + y^2 = C \tag{1.35}$$
を得る（ただし C は積分定数）．これは原点を中心とする円を表わす．

微分方程式(1.16)や(1.17)のように表わされていれば，変数分離ができることはすぐわかるが，もう少し複雑な方程式になるとこの方法が使えるかどうかはそれほど簡単にはわからない．

---- **例題3** ----

つぎの微分方程式の解を求めよ．
$$\frac{dy}{dx} = \frac{y}{x+y} \tag{1.36}$$

[**解**] この微分方程式は右辺の分母に $(x+y)$ というまとまりを持っているので，そのまま変数分離形に変形することはできない．しかし，右辺の分子・分母を x（$\neq 0$ と仮定しておく）で割って
$$\frac{dy}{dx} = \frac{(y/x)}{1+(y/x)} \tag{1.37}$$

と変形し，
$$y/x = u, \quad すなわち \quad y = xu \tag{1.38}$$
とおくと
$$\frac{dy}{dx} = u + x\frac{du}{dx}$$
である．これを使って式(1.37)は
$$u + x\frac{du}{dx} = \frac{u}{1+u} \tag{1.39}$$
となる．これは $x \neq 0, u \neq 0$ であれば変数分離の形
$$-\frac{1+u}{u^2}du = \frac{1}{x}dx$$
にできるので，左右両辺をそれぞれ u, x で積分して
$$\frac{1}{u} - \log|u| = \log|x| + C \quad (Cは任意の積分定数)$$
を得る．もとの変数にもどすと
$$\frac{x}{y} = \log|y| + C, \quad あるいは \quad x = y(\log|y| + C)$$
となる．また $u=0$，したがって $y=0$ も方程式(1.36)の解である．ただしこれは上の解で $C=\infty$ の場合に対応している．

上の結果は $y=F(x)$ の形になっていないが，$x=G(y)$ の形で x と y の関係が与えられているから，解としては求まっている．

ここで見たように，もとの式を変形して式(1.37)のように書ければ変数分離ができた．そこで一般に y/x をひとまとまりとする関数と考え，これを $h(y/x)$ と表わすと，式(1.37)のような方程式は
$$\frac{dy}{dx} = h\left(\frac{y}{x}\right) \tag{1.40}$$
のような形に書ける．変数変換(1.38)によって，式(1.40)は式(1.39)と同様に
$$u + x\frac{du}{dx} = h(u), \quad すなわち \quad \frac{dx}{x} = \frac{du}{h(u)-u} \tag{1.41}$$

と変数分離できる（ただし $h(u)-u \neq 0$ とする）．これより

$$\log|x| = \int^u \frac{1}{h(u)-u} du + C$$

あるいは

$$x = A \exp\left(\int^u \frac{1}{h(u)-u} du\right)$$

を得る．ただし，C や $A(=e^C)$ は任意の積分定数である．さらに u と x の関係を求め，$y=ux$ を用いて u を消去すれば，y と x の関係が求まる．最後に，ある u_1 で $h(u_1)-u_1=0$ となる場合，このような $u=u_1=$ 定数 に対しては式(1.41)から $du/dx=0$ である．したがって，$y=u_1 x$ も解になる．

もう1つ変数分離形にできる例を考えてみよう．

例題 4

つぎの微分方程式を解け．

$$\frac{dy}{dx} = x+y+1 \qquad (1.42)$$

[解] 右辺が $(x+y+1)$ となっていて，そのままでは変数分離形に変形することはできない．しかし

$$x+y+1 = u, \quad \text{すなわち} \quad y = u-x-1 \qquad (1.43)$$

とおくと

$$\frac{dy}{dx} = \frac{du}{dx} - 1$$

となる．これを用いると，式(1.42)は

$$\frac{du}{dx} - 1 = u, \quad \text{すなわち} \quad \frac{du}{u+1} = dx$$

と変数分離できる（ただし $u \neq -1$）．これを積分して

$$\log|u+1| = x+c$$

$$\therefore \quad y = Ce^x - x - 2 \qquad (c, C は任意の積分定数) \qquad (1.44)$$

を得る．また上の過程で除外した $u=-1$ すなわち $y=-x-2$ も解になっ

ているが，これは式(1.44)で $C=0$ としたものに一致する．したがって，微分方程式(1.42)の一般解は(1.44)で与えられる．

上の微分方程式が変数分離形にできたのは，式(1.42)が x や y の1次式だったことによる．これを拡張した

$$\frac{dy}{dx} = h(ax+by+c) \tag{1.45}$$

でも同様である．すなわち，

$$ax+by+c = u \tag{1.46}$$

とおくと

$$b\frac{dy}{dx} = \frac{du}{dx} - a$$

であるから，式(1.45)は

$$\frac{du}{dx} - a = bh(u), \quad \text{すなわち} \quad \frac{du}{a+bh(u)} = dx$$

と変数分離できる（ただし，$a+bh(u)\neq 0$）．これを積分して

$$x = \int \frac{du}{a+bh(u)} \tag{1.47}$$

を得る．これと式(1.46)から u を消去して y と x の関係が得られる．前と同様に $a+bh(u)=0$ の場合の解については別に調べる．

他のどのような場合が変数分離形に帰着できるかということを調べるのは興味があるかもしれない．しかし，あまりこれに凝り出すと微分方程式の分類学——それは膨大なものになる——に深入りしてしまう．それよりは解こうとする微分方程式の中でひとまとまりの変数があったら，それを新しい変数に選び，方程式が少しでも簡単になるような工夫をするのがよい．例題3や例題4もそのような変数変換を行なったもので，これらの場合には幸運にも(!)変数分離形になったというわけである．

変数分離形以外の微分方程式の解析的な取り扱いについてはのちに述べることにするが，一般に微分方程式はいつでもきちんと積分ができるとは限らない．実際には，むしろ積分が求められる方が少ない．このような場

合でもコンピュータを用いて,数値的・近似的に解を求めることができる.

計算機で解く方法

計算機で積分を行なうときは,微分・積分の定義で分割を無限に小さくする一歩手前の表現を利用する.すなわち,図1.6で示したように関数 $y=f(x)$ を区間 $a \leq x \leq b$ で積分するとき,微小ではあるが有限な区間 Δx に分割し,$x+\Delta x$ での関数の値を

$$f(x+\Delta x) \fallingdotseq f(x)+\Delta x f'(x) \tag{1.48}$$

で近似する.変形すると

$$f'(x) \fallingdotseq \frac{f(x+\Delta x)-f(x)}{\Delta x} \tag{1.49}$$

である.式(1.49)の右辺は $\Delta x \to 0$ とすれば**微分**(differential)であり,$f'(x)$ と完全に一致する.式(1.49)の右辺を**差分**(difference)と呼ぶ.

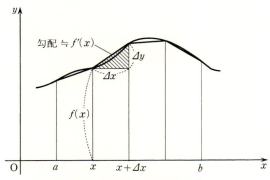

図1.6 差分による近似計算

再び例題1を考えてみよう.微分方程式は

$$p'(t) \equiv \frac{dp}{dt} = p \tag{1.50}$$

であった.ただし,簡単のために $a=1$ とした.また初期条件として $p(0)=1$ とする.

さて,式(1.48)により時刻 $\Delta t, 2\Delta t, 3\Delta t, \cdots$ での p の値を順に計算してい

くと

$$p(\Delta t) \fallingdotseq p(0) + \Delta t p'(0) = p(0)(1+\Delta t) = 1+\Delta t$$
$$p(2\Delta t) \fallingdotseq p(\Delta t) + \Delta t p'(\Delta t) = p(\Delta t)(1+\Delta t) = (1+\Delta t)^2$$
$$p(3\Delta t) \fallingdotseq p(2\Delta t) + \Delta t p'(2\Delta t) = p(2\Delta t)(1+\Delta t) = (1+\Delta t)^3$$
$$\cdots\cdots$$

を得る．一般に

$$\begin{aligned}p(n\Delta t) &\fallingdotseq p((n-1)\Delta t) + \Delta t p'((n-1)\Delta t)\\ &= p((n-1)\Delta t)(1+\Delta t) = (1+\Delta t)^n \end{aligned} \quad (1.51)$$

が得られる．試みに $\Delta t=0.1$ としたときの近似解 (1.51) の値と，この方程式の厳密な解 (1.27) で，$C=1, a=1$ としたものの比較を表 1.2 に示す．

表 1.2 に示した近似値が十分でないならば Δt をもっと小さく選べばよい．たとえば，$\Delta t=0.01$ として $t=0.1$ における $p(0.1)$ の値を求めると

$$p(0.1) = p(10\times 0.01) \simeq (1+0.01)^{10} \simeq 1.10462$$

となって，厳密な値にかなり近くなる．

表 1.2　差分による近似解と厳密な解との比較 ($\Delta t=0.1$)

ステップ n	時刻 $t=n\Delta t$	差分による近似解 (1.51)	厳密な解 (1.27)
0	0	1	1
1	0.1	1.1	1.10517…
2	0.2	$1.1^2=1.21$	1.22140…
3	0.3	$1.1^3=1.331$	1.34985…
⋮	⋮	⋮	⋮
10	1.0	$1.1^{10}=2.59374\cdots$	2.71828…

このように $\Delta t\to 0$ としていけば限りなく正確な計算ができる．しかし，それと同時に分割の数が増えていくので，ある時刻まで計算するのに非常に長い時間がかかってしまう．したがって，われわれが必要とする精度を保証する範囲内でできる限り粗く分割の幅 Δt を決めるのがもっとも能率がよい．

ただし，一般にはいまの例のように答えがはじめから厳密にわかっているわけではないから，近似した解がどの程度よい近似になっているかわか

らない.

そこでステップの幅(差分計算で1回に進む幅)を Δt として計算したものと,それを変えて計算したものとを比較し,両者が何桁目で差を生じているかを調べることがよく行なわれている.たとえば表1.3を見ると $\Delta t=0.1$ と $\Delta t=0.05$ とでは小数第3位に違いが現れている.

表1.3 $t=0.1$ での式(1.51)の近似値

Δt	0.1	0.05	0.025	0.01	0.001
ステップ数 n	1	2	4	10	100
$p(0.1)$	1.1	1.1025	1.10381	1.10462	1.10512

(正確な値は $\exp(0.1)=1.10517\cdots$ である)

上で述べた数値的な解き方は,もっと一般の微分方程式

$$\frac{dy}{dx} = f(x, y) \tag{1.52}$$

にも適用することができる.すなわち,式(1.52)を差分式で近似して

$$\frac{y(x+\Delta x)-y(x)}{\Delta x} \fallingdotseq f(x,y) \tag{1.53}$$

あるいは,分母を払い $y(x)$ を移項して

$$y(x+\Delta x) \fallingdotseq y(x)+\Delta x \cdot f(x,y) \tag{1.54}$$

とする.式(1.54)の右辺は位置 $(x, y(x))$ における既知の値であるから,これによって $x+\Delta x$ での y の値が求められる.与えられた初期値($x=0$ で $y=y(0)$)から始めてこれを繰り返し使っていけば,Δx ずつ先の y の値が次々と決定されていく.

式(1.54)のように将来(あるいは考えている点より先の位置で)の値を計算する差分近似式を**スキーム**(scheme)と呼ぶ.式(1.54)以外にも,計算の能率をよくするさまざまなスキームが開発されている.

図を描いて解を求める

式(1.50)を差分化した式(1.51)を用いると,ある点を初期値として,そこから Δt 進むごとに p の変化 $\Delta p \fallingdotseq p'(t)\Delta t$ が得られ,$p(t)$ が数値的に求め

られる．ところで，この方法では$p(t)$の値は正確に求められるかもしれないが，初期値（やΔt）がほんの少し変化した場合にはまたはじめから計算をやり直さなければならない．したがって，微分方程式の解の全体的なようすを見ようとすると，これらに対応した数値データを大量に用意する必要がある．

他方，式(1.50)は幾何学的にはtp平面上の位置tにおける勾配（接線の方向）を与える式と考えることができる．たとえば，点(t, p)における勾配はpとなる．同様に，点$(1, 1)$には傾き$+1$の小さな矢印，点$(-1, -1)$には傾き(-1)の小さな矢印というように，tp平面上に矢印を描くことにする．これをくりかえすと，図1.7のようになる．ただし，矢印の矢の部分を少し省略してある．

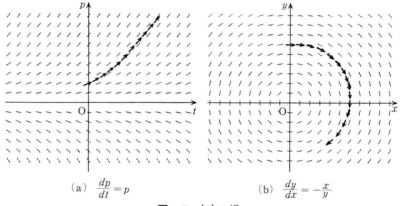

(a) $\dfrac{dp}{dt} = p$ 　　(b) $\dfrac{dy}{dx} = -\dfrac{x}{y}$

図1.7 方向の場

図1.7で，勝手に選んだ点を出発点として，そこでの矢印の方向に短い距離だけ移動する．その移動した場所での矢印に沿ってまた短い距離だけ移動する．これを繰り返していけば1つの曲線が描かれる．これを，**解曲線**（微分方程式の解を幾何学的に表示した曲線）という．図からわかるように，矢印が密に与えられていればいるほど正確な解曲線が得られる．

これが微分方程式の解曲線を幾何学的に求める方法であり，式(1.52)のような一般の1階微分方程式にも適用できる．

ポイント 1 では，やさしい微分方程式を自分の頭と手で確かめて，これに馴染むことが大切であること，また難しいテクニックのように見える解き方も，もとをただせば単なる積分に過ぎないこと，簡単に積分ができなくても数値的にあるいは図を描いて解を求めることができること，などを述べてきた．

もちろん「微分方程式論」というものは大海のようなものであり，そのスケールの大きさや魅力に圧倒されるところもあれば，（古くから研究されてきたにもかかわらず）まだ知られていない深海や危険な海域もある．これを経験の乏しい冒険家が小舟で渡り切ろうなどと思うのは無謀かもしれない．また，そのための周到な準備をするとなるとかなりの覚悟が必要であろう．それならばもう少し近くに目を移してみるのも悪くはない．背の立つ程度の浅い浜辺は我々の生活空間としてもっとも重要であるし，そこには実に変化に富んだ景色があり，また多くの興味深い生き物が棲息しているのであるから．

ポイント 2

積分因数の発見

　1階の微分方程式を変数分離法で解くとき，しばしば割り算が現れた．これを避けて解く方法はないものだろうか．それが積分因数である．「積分因数」といううまい関数を掛けて変形すると，「完全微分形」という特別な形にまとめられ，ただちに積分ができる．
　ところで積分因数が与えられれば確かに解けるが，それをどうやって見つけるのかがわからないとなかなか釈然とはしない．そこで，ここでは積分因数を見いだすいくつかの方法についても述べる．残念ながらこれを探し出す完璧な方法というものはない．

積分因数とは

微分方程式

$$\frac{dy}{dx} = ky \tag{2.1}$$

を解くときに，**ポイント** 1 で述べた変数分離法では

$$\frac{dy}{y} = kdx \tag{2.2}$$

のように左右両辺に変数を分け，それぞれの変数について積分を行なって

$$\log y = kx+c, \quad \text{すなわち} \quad y = Ce^{kx} \tag{2.3}$$

という解を求めた(c や C は定数)．しかし，この解法では，式(2.2)の変形で"$y=0$ でない"ことを暗に条件として用いているので，求めた結果がすべての解を与えているかどうか保証されていない(つまり $y=0$ の場合を別に調べなければならない)．これに対して，つぎの解法はどうであろうか．式(2.1)の右辺を移項して両辺に e^{-kx} を掛けて

$$e^{-kx}\left(\frac{dy}{dx} - ky\right) = \frac{d}{dx}(e^{-kx}y) = 0 \tag{2.4}$$

と変形する．すると式(2.4)はただちに積分できて

$$e^{-kx}y = C, \quad \text{すなわち} \quad y = Ce^{kx} \tag{2.5}$$

を得る(C は定数)．

上で述べた方法は，0 でない関数 e^{-kx} を式(2.1)の両辺に掛け，式(2.4)のように変形したもので，x の全領域にわたって成り立つ関係である．したがって，変数分離法におけるような条件は何もついていない．

この解法の **ポイント** は，このような"うまい関数"を探して式(2.4)のように x と y を含む関数の微分が 0 という式にまとめることにある．微分が 0 ならば，その積分は定数になり，微分方程式は解ける．ここで用いた関数 e^{-kx} のような"うまい関数"を **積分因数** (integrating factor) という．

積分因数の求め方(I)

では，積分因数はどのようにしたら求められるかということを考えてみ

よう．まず式(2.1)の積分因数が $\mu(x)$ であったとして，これが満たす条件は，$\mu(x)$ を式(2.1)に掛けて

$$\mu(x)\left(\frac{dy}{dx}-ky\right)=\frac{d}{dx}(\mu y)$$

の形にまとめられることである．これより，両辺を $\underline{\mu y'}-\mu ky=\mu'y+\underline{\mu y'}$ と展開して，μ の満たす方程式

$$\frac{d\mu}{dx}=-k\mu \tag{2.6}$$

が得られる．関数 $\mu(x)=e^{-kx}$ は確かに式(2.6)の解になっている．

ところで，まずはじめに式(2.6)のような μ についての方程式を——たとえば変数分離法などで——解かなければならないとすると，方程式を解く手間はほとんど変わらないようにみえる．

しかしいまの解法はもっと複雑な微分方程式であっても使える一般的な方法である．何らかの(偶然でもよい！)方法で積分因数が見つかりさえすればよいのである．また求めた積分因数が考えている領域で0にならなければ，もとの微分方程式とこれに積分因数を掛けたものは完全に同等であるから，変数分離のときの"割り算"にともなって現れた場合わけ(除数が0の場合の特別扱いなど)が不要になる．

式(2.1)で扱った例は少し簡単すぎると思われたかもしれない．では，つぎの微分方程式ではどうであろうか．

---- **例題1** ----

つぎの微分方程式を解け．

$$\frac{dy}{dx}-2xy=0 \tag{2.7a}$$

[解] 積分因数を $\mu(x)$ とすると，式(2.7a)は

$$\mu(x)\left(\frac{dy}{dx}-2xy\right)=\frac{d}{dx}(\mu y)=0 \tag{2.7b}$$

のようにまとめられる．まえと同様に左辺と中辺を

$$\underline{\mu y'}-2\mu xy=\mu'y+\underline{\mu y'}$$

と展開すると，下線部分が打ち消されて

$$\frac{d\mu}{dx} = -2\mu x \tag{2.8}$$

を得る．これを解くと

$$\mu(x) = Ce^{-x^2} \quad (Cは積分定数)$$

となる．一般解は式(2.7b)から $\mu y = B$(定数)，すなわち

$$y(x) = Ae^{x^2} \tag{2.9}$$

となる ($A=B/C$ は定数)．なお任意の定数どうしの割り算が現れてくるのではじめに $C=1$ と選んでおいてもまったく差し支えはない．

このように計算が少し複雑にはなったが，本質的なところは何も変わらない．したがって，式(2.7a)の第2項の $(-2xy)$ が一般に $p(x)y$ となって

$$\frac{dy}{dx} + p(x)y = 0 \tag{2.10}$$

と表わされる微分方程式でも同じことである．すなわち，積分因数を $\mu(x)$ とすると，式(2.8)の右辺の $(-2x)$ の代わりに $p(x)$ となるだけで

$$\frac{d\mu}{dx} = \mu(x)p(x)$$

を満たす．したがって

$$\mu(x) = \exp\left(\int^x p(u)du\right) \tag{2.11}$$

であり，解は $\mu y = A$(定数)から

$$y(x) = A\exp\left(-\int^x p(u)du\right) \tag{2.12}$$

となる．指数関数の中の不定積分からも任意の定数 c が現れるわけであるが，それも併せて Ae^c を1つの定数と考えることにすれば c は表に出す必要はない．積分の下限をとくに書かないのはこのような理由による．

この解法は，つぎのような微分方程式にも拡張することができる．たとえば

$$\frac{dy}{dx} - 2xy = x \tag{2.13a}$$

を考えてみよう．この式で，y を 2 倍すると

$$(2y)' - 2x(2y) = x, \quad すなわち \quad y' - 2xy = \frac{1}{2}x$$

となり，式(2.13a)と右辺の係数が異なってくる．このように y を定数倍したときに方程式が変わってしまう微分方程式を**非同次**(inhomogeneous)の方程式という．また，その変化する部分を非同次項と呼ぶ．したがって，式(2.13a)では右辺の x が非同次項である．逆に式(2.1)や(2.7a)(2.10)のように y を定数倍しても微分方程式が全体として変わらないものは**同次**(homogeneous)であるという．なお，同次，非同次については ポイント A でやや詳しく述べる．

例題 2

微分方程式(2.13a)を解け．

[解] 積分因数を $\mu(x)$ として両辺にこれを掛けると

$$\mu(x)\left(\frac{dy}{dx} - 2xy\right) = x\mu(x) \tag{2.13b}$$

となる．左辺は例題 1 と同様に $\mu(x) = \exp(-x^2)$ と選べば

$$e^{-x^2}\left(\frac{dy}{dx} - 2xy\right) = \frac{d}{dx}(ye^{-x^2})$$

とまとめることができるので，式(2.13b)は

$$\frac{d}{dx}(ye^{-x^2}) = xe^{-x^2} \tag{2.13c}$$

となる．右辺はそのまま x で積分できるから，

$$ye^{-x^2} = \int^x ue^{-u^2}du = -\frac{1}{2}e^{-x^2} + C \quad (C は積分定数)$$

$$\therefore \quad y = -\frac{1}{2} + Ce^{x^2} \tag{2.14}$$

となる．

式(2.13c)の右辺には非同次項であった x が現れていたが，これが任意の x の関数 $f(x)$ であっても，積分は原理的には問題なく実行できる．こ

の場合の微分方程式は

$$\frac{dy}{dx} - 2xy = f(x) \tag{2.15}$$

となっており，解は

$$ye^{-x^2} = \int^x f(u)e^{-u^2}du + C$$

$$\therefore \quad y = e^{x^2}\int^x f(u)e^{-u^2}du + Ce^{x^2}$$

と表わせる．さらに一般の場合

$$\frac{dy}{dx} + p(x)y = f(x) \tag{2.16}$$

でも，これまで述べてきたことを組み合わせるだけである．すなわち積分因数が $\mu(x)$ であるとすると，式(2.16)の両辺に μ を掛け，左辺を例題1と同様に変形して，

$$\frac{d}{dx}(\mu y) = \mu(x)f(x)$$

とする．それには μ を式(2.11)のように選んでおけばよい．上の式をそのまま積分して μ で割ると

$$y = \frac{1}{\mu(x)}\left(\int^x \mu(u)f(u)du + C\right) \tag{2.17a}$$

すなわち

$$y(x) = \exp\left(-\int^x p(u)du\right)\left\{\int^x \exp\left(\int^u p(v)dv\right)f(u)du + C\right\} \tag{2.17b}$$

を得る．C は任意の定数である．

ちょっと工夫をすれば…

例題2を発展させたものに**ベルヌーイ**(Bernoulli)**の方程式**というものがある．これは

$$\frac{dy}{dx} + r(x)y = y^n g(x) \tag{2.18}$$

の形の微分方程式であり，$n=0$ の場合が式(2.16)と同じ形の線形微分方程式になる．

この方程式の積分因数を求めてみよう．

例題 3

ベルヌーイ型微分方程式(2.18)の積分因数を求めよ．

[解] 積分因数を求めるために式(2.18)の右辺が x だけの関数になるようにする．それには，①両辺を y^n で割ればよいから

$$y^{-n}\frac{dy}{dx}+r(x)y^{1-n}=g(x)$$

を得る．ところで

$$y^{-n}\frac{dy}{dx}=\frac{1}{1-n}\frac{d}{dx}y^{1-n}$$

であるから，$y^{1-n}\equiv z$ という新しい変数を使って表わし，②式全体を$(1-n)$倍すると

$$\frac{dz}{dx}+(1-n)r(x)z=(1-n)g(x)$$

となる．これは式(2.16)で

$$y \to z, \quad p(x) \to (1-n)r(x), \quad f(x) \to (1-n)g(x)$$

と置き換えたものに等しい．したがって，この過程での積分因数は式(2.11)から，③ $\exp\left(\int^x(1-n)r(u)du\right)$ となる．以上のステップ①〜③をすべて合わせると，式(2.18)の積分因数は

$$\mu=\frac{1-n}{y^n}\exp\left(\int^x(1-n)r(u)du\right)$$

となる．

これまで積分因数をどのようにして求めるかを見てきた．ところで，積分因数がわかれば，微分方程式の解が得られるというのは，与えられた微分方程式が積分因数を掛けて $\frac{d}{dx}\cdots=0$ の形に書き換えられることに由来した．では，2つの変数 x, y に依存する関数の場合はどうであろうか．このときにも積分因数を掛けることによって微分が0となればよいのではな

いかと推測される.ただしこの微分は**全微分**(total derivative)と呼ばれるものである.全微分とは何かをつぎに説明しよう.

全微分のイメージ

簡単のために2つの変数 x, y に依存する関数 $F(x, y)$ を考えよう.これは,山歩きにたとえて言えば,x は東西方向の位置,y は南北方向の位置,F はその場所の高さに対応している.いま東西,南北に少しだけ移動した(位置 x, y がそれぞれ微小量 $\Delta x, \Delta y$ だけ変化した)結果,高さ F も ΔF だけ変化したとする.この高さの変化は,式で書くと

$$\Delta F = F(x+\Delta x, y+\Delta y) - F(x, y) \tag{2.19}$$

である.関数 F が x や y について<u>微分可能であれば</u>(山歩きで言えば,これは斜面が滑らかで,切り立った崖がないような場合である),上式の右辺第1項を展開して,つぎのように近似できる.

$$\begin{aligned}\Delta F &= \left(F(x, y) + \frac{\partial F}{\partial x}\Delta x + \frac{\partial F}{\partial y}\Delta y + \cdots\right) - F(x, y) \\ &= \frac{\partial F}{\partial x}\Delta x + \frac{\partial F}{\partial y}\Delta y + \cdots \end{aligned} \tag{2.20}$$

式(2.20)の大括弧内の展開は**テイラー展開**(Taylor's expansion)と呼ばれているものである.…の部分は展開の高次の項で Δx や Δy の2つ以上の積を含む微小量である(この展開の詳細については ポイント 6 でも触れる).また $\partial F/\partial x$ や $\partial F/\partial y$ は**偏微分係数**(partial derivative)と呼ばれ,それぞれ x 方向,y 方向だけに着目したときの勾配を表わす.

ここで,さらに微小量 Δx や Δy を0に近づけた極限を考えよう.このとき,Δx や Δy の2次以上の項は1次の項に比べて無視できるほど小さくなるので,(2.20)は

$$dF = \frac{\partial F}{\partial x}dx + \frac{\partial F}{\partial y}dy \tag{2.21}$$

と書ける.ただし,微小量 $\Delta F, \Delta x, \Delta y$ の極限をとったものをそれぞれ dF,

dx, dy と書き改めた．式(2.21)が数学で定義されている**全微分**である．全微分は 2 点 (x, y) と $(x+dx, y+dy)$ における高さ F の値の差であって，2 点を結ぶ経路にはよらない．

このことは図 2.1 に示したように，

(a) はじめに x 軸に沿って勾配 $\partial F/\partial x$ の坂を dx だけ進み，つぎに y 軸に沿って勾配 $\partial F/\partial y$ の坂を dy だけ進んだもの

(b) はじめに y 軸に沿って勾配 $\partial F/\partial y$ の坂を dy だけ進み，つぎに x 軸に沿って勾配 $\partial F/\partial x$ の坂を dx だけ進んだもの

のどちらも同じ高さの差 dF を与えることから理解されよう．

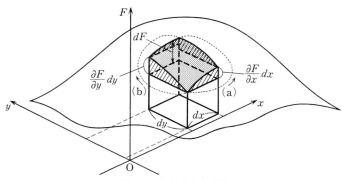

図 2.1　全微分と偏微分

全微分 dF が経路によらないことから，<u>もし $dF=0$ であれば F は定数である</u>(すなわち，いま立っている点 (x, y) から近くの勝手な点へどのような経路に沿って移動しても高さ F が変化しなければ，そこは水平な地面以外にあり得ない)ことになる．

特別な場合として，y が x の関数，したがって，F が x と $y(x)$ の関数となっている場合を考えてみよう．このときは式(2.21)は

$$dF = \frac{\partial F}{\partial x}dx + \frac{\partial F}{\partial y}\frac{dy}{dx}dx$$

$$\therefore \quad \frac{dF}{dx} = \frac{\partial F}{\partial x} + \frac{\partial F}{\partial y}\frac{dy}{dx} \qquad (2.22)$$

と書ける．これは1変数の関数に対する通常の微分であり，$dF/dx=0$ であれば $F=$ 定数となる．

注意したいのは，これが偏微分係数 $\partial F/\partial x=0$ の意味するものとは異なることである．後者の場合には x 方向の勾配は 0 である(したがって，x には依存しない)が，それ以外の方向については何も言っていない．地図上の等高線と平行に道があり，これに沿って進むときは勾配がないが，だからといって，そのあたり一帯が水平な土地だと結論できないのと同じである．このように d と ∂ の意味は大きく異なるので注意が必要である．

完全微分形

微分方程式
$$y(2x+y)+x(x+2y)\frac{dy}{dx} = 0 \tag{2.23}$$
あるいは，これに，dx を掛けた微分方程式
$$y(2x+y)dx+x(x+2y)dy = 0 \tag{2.24}$$
の解を求めよう．

それには，式(2.24)が2変数 x,y の関数 Φ の全微分
$$d\Phi = \frac{\partial \Phi}{\partial x}dx+\frac{\partial \Phi}{\partial y}dy \tag{2.25}$$
(式(2.21)を参照)と似た形をしていることに着目する．もし
$$\frac{\partial \Phi}{\partial x} = y(2x+y), \quad \frac{\partial \Phi}{\partial y} = x(x+2y) \tag{2.26}$$
の関係が成り立つならば，式(2.24)は $d\Phi=0$ に他ならない．したがって，一般解は
$$\Phi(x,y) = C \quad (C \text{は定数}) \tag{2.27}$$
で与えられる．では，式(2.26)を満たすような Φ はどのようにしたら見つけられるのであろうか．

式(2.26)はそれぞれ x,y についての偏微分係数を表わしている．偏微分は特定の方向を指定したときに，その方向についての変化率(すなわち勾

配)を表わすものであるから，その方向についてだけ見れば通常の微分と同じように扱ってよい．

これはたとえば，立体的な地形を東西方向(x方向)の直線に沿って縦に割り，その断面図を見ていると思えばよい(図2.2参照)．そこでの輪郭は東西方向xと高さFの関係だけであって，1変数の関数で表わされる．

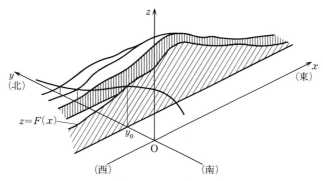

図2.2　断面図からの立体地形の再現

したがって，式(2.26)の第1式ではyを定数と考えてそのままにしておき，xについて積分して

$$\varPhi = yx^2 + y^2 x + G(y) \tag{2.28}$$

を得る．ここでGはyの任意関数である．

1変数xだけの微分方程式では積分によって付加的な任意定数Cが現れた．その場合にはCはxに依存しない数であり，またx以外に変数がないので正真正銘の定数である．定数Cは関数全体を上下させる(あるいは基準の位置を変える)だけで，関数の形や勾配には影響を与えない．

これと同様に，式(2.28)を得るにあたっては，yを定数と考えていたから変数はxだけであり，積分に伴う付加定数としてxに依存しない数Gが現れたのである．ただし，いまの場合にはyの値ごとにGの値も変わる可能性があるので，Gはyの関数と考えられる．このようにしても$\partial G(y)/\partial x = 0$であるから，式(2.26)の第1式は満たされる．

ふたたび地形図の例で言うと，南北にずれた(yの異なる)位置で切り出

した東西方向の断面形(輪郭)がいくつか与えられても，それだけからこれらの相互の高さを比較することはできない．各 y の値に対応した断面図の相対的な高さを決める何らかの情報が必要なのである．これが $G(y)$ に含まれている．

そこでこんどは見る方向を変えて南北方向 (y 方向)の勾配や輪郭を合わせてみる．すなわち y を変数であると考え，式(2.28)を y で偏微分して(2.26)の第2式を満たすようにする．

$$\partial \Phi / \partial y = x^2 + 2yx + G'(y) = x(x+2y)$$

これから $G'(y)=0$ を得る．G は y だけの関数であるから，y で積分すれば $G = C_0$ (定数)となる．このようにして式(2.26)を満たす関数 Φ が

$$\Phi = yx^2 + y^2x + C_0$$

と求められた．一般解は，式(2.27)から

$$\Phi = yx^2 + y^2x = A \tag{2.29}$$

で与えられる．ただし，A は任意の定数である．

いままでに行なったプロセスを少し一般化してまとめてみよう．まず，式(2.24)の微分方程式で，dx の前に書かれている関数を $P(x,y)$，dy の前に書かれている関数を $Q(x,y)$ と表わすと，式(2.23), (2.24)は

$$P(x,y) + Q(x,y)\frac{dy}{dx} = 0 \tag{2.30a}$$

あるいは両辺に dx を掛けた

$$P(x,y)dx + Q(x,y)dy = 0 \tag{2.30b}$$

の形になっている．この形の微分方程式を**全微分方程式** (total differential equation) と呼ぶ．

式(2.30a)と(2.30b)は厳密には等価ではない．前者では y が x の関数として定義されているのに対して，後者では2つの変数 x と y が対等の役割を持ち，未知関数としては x, y のいずれをも自由に選ぶことができる．しかし差し当たってはあまり気にせずに先に進もう．

《完全微分形をつくる方法》——— 35

ここで，もし P, Q が式(2.26)のようにある関数 $\Phi(x, y)$ を使って

$$P = \frac{\partial \Phi}{\partial x}, \quad Q = \frac{\partial \Phi}{\partial y} \tag{2.31}$$

のように表わせたとすると，式(2.30a, b)はそれぞれ

$$\frac{\partial \Phi}{\partial x} + \frac{\partial \Phi}{\partial y} \frac{dy}{dx} = \frac{d}{dx} \Phi(x, y(x)) = 0 \tag{2.32a}$$

$$\frac{\partial \Phi}{\partial x} dx + \frac{\partial \Phi}{\partial y} dy = d\Phi(x, y) = 0 \tag{2.32b}$$

となる．したがって，一般解は

$$\Phi(x, y(x)) = C, \quad \text{または} \quad \Phi(x, y) = C \tag{2.33}$$

となる．ただし C は任意の定数である．

　微分方程式(2.30)で(2.31)が成り立つようなものを**完全微分方程式** (exact differential equation)，またこのような形を**完全微分形**と呼ぶ．完全微分形であれば式(2.31)が成り立つので，P をさらに y で，Q をさらに x で微分したものは等しいはずである（偏微分の順序を交換しても結果が変わらないことによる）．すなわち

$$\frac{\partial P}{\partial y} = \frac{\partial Q}{\partial x} \left(= \frac{\partial^2 \Phi}{\partial x \partial y} \right) \tag{2.34}$$

が成り立つ．たとえば，上の例では $\Phi = yx^2 + y^2 x$ であり，

$$P = y(2x + y) = \frac{\partial \Phi}{\partial x}, \quad Q = x(x + 2y) = \frac{\partial \Phi}{\partial y}$$

$$\frac{\partial P}{\partial y} = 2x + 2y = \frac{\partial^2 \Phi}{\partial y \partial x}, \quad \frac{\partial Q}{\partial x} = 2x + 2y = \frac{\partial^2 \Phi}{\partial x \partial y}$$

$$\therefore \quad \frac{\partial P}{\partial y} = \frac{\partial Q}{\partial x}$$

となっている．また逆に式(2.34)が成り立てば式(2.31)を満たすような Φ を作ることができて，微分方程式(2.30)が式(2.32)の形にまとめられる．

　一般の微分方程式(2.30b)について解法の手順を整理しておこう．

【解法1】

まず，①与えられた微分方程式が完全微分形であること(式(2.34))を確認する．②完全微分形であるならば，$P=\partial\Phi/\partial x$ を x で積分し

$$\Phi(x, y) = \int^x P(u, y)du + G(y)$$

を得る．ここで被積分関数 $P(x, y)$ の変数 x は積分に伴って u に変えてあり(積分変数は任意だから)，その上限が x となっている．また積分定数に相当する部分は x で微分して 0 になればよいので，y だけの関数であれば何でもよい．これを $G(y)$ とした．

つぎに，③この Φ を y で微分し $Q=\partial\Phi/\partial y$ と比較する．

$$\frac{\partial}{\partial y}\int^x P(u, y)du + G'(y) = Q(x, y)$$

④これから $G'(y)$ を求めて y で積分し

$$G(y) = \int^y \left\{Q(x, v) - \frac{\partial}{\partial v}\int^x P(u, v)du\right\}dv$$

を得る(ここでも，変数 y は積分にあたり v と変えてある)．以上をまとめると，⑤一般解は

$$\Phi(x, y) = \int^x P(u, y)du + \int^y \left\{Q(x, v) - \frac{\partial}{\partial v}\int^x P(u, v)du\right\}dv$$
$$= C(\text{定数}) \tag{2.35a}$$

で与えられる．

なお，全微分方程式では x と y が対等の扱いを受けるので，②の過程でまず $Q=\partial\Phi/\partial y$ を y について積分し(このときは $G(y)$ の代わりに任意関数 $F(x)$ が現れる)，この Φ を x で微分して $P=\partial\Phi/\partial x$ と比較し，これから F を求めてもよい．この結果得られる一般解はつぎのようになる．

$$\Phi(x, y) = \int^y Q(x, v)dv + \int^x \left\{P(u, y) - \frac{\partial}{\partial u}\int^y Q(u, v)dv\right\}du$$
$$= C(\text{定数}) \tag{2.35b}$$

さて，式(2.35)で何となく気持ちが悪いと思った人がいるのではないだろうか．というのは，式(2.35a)の右辺第2項の後半

$$\int^y \frac{\partial}{\partial v}\left\{\int^x P(u,v)du\right\}dv$$

は P の x 積分(変数は u)を y (変数は v)で微分し，ふたたび y (変数は v)で積分しているのだから，y についての微分と積分は帳消しになり，x 積分だけが残りそうである．そうすればこれは右辺第1項と打ち消し合い，一般解として

$$\Phi(x,y) = \int^y Q(x,v)dv = C(\text{定数}) \qquad (2.36a)$$

となるのではないか．

あるいはまた次の計算はどうであろうか．式(2.35a)の右辺第2項の後半で v についての微分を積分より先に実行し，式(2.34)を用いて P を Q に変えると

$$\frac{\partial}{\partial v}\int^x P(u,v)du = \int^x \frac{\partial P(u,v)}{\partial v}du = \int^x \frac{\partial Q(u,v)}{\partial u}du = Q(x,v)$$

を得る．したがって，式(2.35a)の右辺第2項は消え，一般解は

$$\Phi(x,y) = \int^x P(u,y)du = C \qquad (2.36b)$$

となるのではないか．式(2.35b)でも同様の疑問が残る．

たとえば，式(2.24)で

$$P = y(2x+y), \qquad Q = x(x+2y)$$

と置くと，式(2.36a)から

$$\Phi(x,y) = \int^y Q(x,v)dv = \int^y x(x+2v)dv = x^2y+xy^2+C$$

が得られ，また式(2.36b)からも

$$\Phi(x,y) = \int^x P(u,y)du = \int^x y(2u+y)du = yx^2+y^2x+C$$

が得られるので，式(2.29)と一致している．しかし，このような書き換えは一般には正しい結果を与えない．つぎの例を見てみよう．

例題 4

つぎの微分方程式で式(2.35)と式(2.36)の結果が同じでないことを確認せよ．

$$\left(\frac{e^y}{x^2}+2x\right)dx+\left(-\frac{e^y}{x}+2y\right)dy=0$$

[解] まず

$$P=\frac{e^y}{x^2}+2x, \quad Q=-\frac{e^y}{x}+2y$$

と置いてみると，条件(2.34)が成り立つので完全微分形に書けることが確認できる．そこで式(2.35a)に代入すると

$$\Phi(x,y)=\int^x\left(\frac{e^y}{u^2}+2u\right)du+\int^y\left\{\left(-\frac{e^v}{x}+2v\right)-\frac{\partial}{\partial v}\int^x\left(\frac{e^v}{u^2}+2u\right)du\right\}dv$$

$$=-\frac{e^y}{x}+x^2+y^2+C(\text{定数})$$

を得る．式(2.35b)からも同様である．これに対して(2.36a)を用いて計算すると

$$\Phi(x,y)=\int^y Q(x,v)dv=\int^y\left(-\frac{e^v}{x}+2v\right)dv=-\frac{e^y}{x}+y^2+C(\text{定数})$$

を，また式(2.36b)からは

$$\Phi(x,y)=\int^x P(u,y)du=\int^x\left(\frac{e^y}{u^2}+2u\right)du=-\frac{e^y}{x}+x^2+C(\text{定数})$$

を得る．上の2つはいずれも式(2.35)より求めた解と異なり，正しい解にはなっていない．

このように，式(2.35a)や(2.35b)を実行すればいつでも正しい解を与えてくれるが，式(2.36a)(2.36b)のように勝手に変形を進めたものはそうはいかないのである．これは実は(2.36a, b)の変形で積分の下限を曖昧にしていたこと——それは結局，完全微分形であることの確認を怠ったことに

なるのであるが——に原因がある．

　この点に注意してもう一度 $\varPhi$ を求めてみよう．

【解法2】

　まず式(2.31)の第1式を x について積分すると

$$\varPhi(x,y) = \int_{x_0}^{x} P(u,y)du + G(y) \qquad (2.37)$$

となる．積分の下限は自由に選べるので，これを x_0 と表わした．また G は y の任意関数である．つぎに，この $\varPhi$ を y で偏微分して，式(2.34)を使うと

$$\begin{aligned}
\underline{\frac{\partial}{\partial y}\varPhi(x,y)} &= \frac{\partial}{\partial y}\int_{x_0}^{x} P(u,y)du + G'(y) \\
&= \int_{x_0}^{x} \frac{\partial}{\partial y} P(u,y)du + G'(y) \quad \text{(微分と積分の順序を交換)} \\
&= \int_{x_0}^{x} \frac{\partial}{\partial u} Q(u,y)du + G'(y) \quad \text{(式(2.34)を代入)} \\
&= \underline{Q(x,y)} - Q(x_0,y) + G'(y) \quad \text{(積分を実行)}
\end{aligned}$$

となる．式(2.31)の第2式からアンダーラインの部分は打ち消し合うので，結局

$$G'(y) = Q(x_0, y), \quad \text{すなわち} \quad G(y) = \int_{y_0}^{y} Q(x_0, v)dv + C_1$$

を得る(C_1 は積分定数)．以上より

$$\varPhi(x,y) = \int_{x_0}^{x} P(u,y)du + \int_{y_0}^{y} Q(x_0, v)dv = C \qquad (2.38a)$$

が，求める解となる(C は積分定数)．

　式(2.38a)は図2.3(a)の経路 A→B→C に沿っての積分を表わしている．すなわち，$x = x_0 (= 一定)$ の直線に沿って，A(x_0, y_0) から B(x_0, y) まで $Q = \partial \varPhi / \partial y$ を積分し，続いて $y = 一定$の直線に沿って，B(x_0, y) から C(x, y) まで $P = \partial \varPhi / \partial x$ を積分したものである．

このような経路に沿う積分を**線積分**(line integral),またその経路を**積分路**(path of integration)と呼ぶ.積分路は直線でも曲線でもかまわない.たとえば曲がりくねった山道を歩いて行くとき,道に沿った方向の勾配が短い区間ごとにわかれば,これに水平距離を掛けて加え合わせることによって麓からどれだけ高く登ったかを知ることができる.

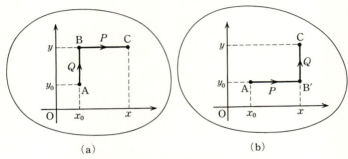

図 2.3　点(x_0, y_0)から(x, y)に至る積分

同様の議論を(2.31)の第2式から始めてもよい.すなわち,式(2.37)の代わりにQをy_0からyまで積分し,このときに現れる任意の付加関数$F(x)$を式(2.34)を用いて決定する.これによって得られる一般解は

$$\varPhi(x, y) = \int_{x_0}^{x} P(u, y_0) du + \int_{y_0}^{y} Q(x, v) dv = C \qquad (2.38\mathrm{b})$$

となる(Cは積分定数).これは図2.3(b)のような経路 A→B′→C に沿う積分となっている.

例題 5

微分方程式
$$y(2x+y)dx + x(x+2y)dy = 0$$
の解を式(2.38)を用いて求めよ.

[解] これまでの議論で$P = y(2x+y)$,$Q = x(x+2y)$とおき,この方程式が完全微分形であることは確かめた.これらを式(2.38a)に代入すると

$$\begin{aligned}
\varPhi(x,y) &= \int_{x_0}^{x} y(2u+y)du + \int_{y_0}^{y} x_0(x_0+2v)dv \\
&= \Big[yu^2 + y^2 u\Big]_{x_0}^{x} + \Big[x_0^2 v + x_0 v^2\Big]_{y_0}^{y} \\
&= (yx^2 + y^2 x) - \underline{(yx_0^2 + y^2 x_0)} + \underline{(x_0^2 y + x_0 y^2)} - (x_0^2 y_0 + x_0 y_0^2) \\
&= xy^2 + x^2 y + 定数
\end{aligned}$$

$$\therefore \quad xy^2 + x^2 y = C(定数) \tag{2.39}$$

を得る．式(2.38b)からも同様の解を得る．最終結果が途中の積分路の選び方によらないことは，全微分の意味(2 地点の高さの差である!)を考えれば当然満たされるべき性質である．

解法 1 と 2 では見かけがかなり違って見える．これは解法 1 では山の形を独立ないくつかの方向から眺めて(微分・積分の操作を繰り返し適用して)各点の高さを決定しているのに対し，解法 2 では山道に沿って進みながら(線積分によって)各点の高さを決定しているという違いによる．

しかし，正しく計算を行なえばどちらからも正解が得られる．実際の計算にあたっては，いずれか計算のやさしそうな方を採用すればよい．また，式(2.35a, b)や(2.38a, b)を公式として覚えて使うというのではなく，意味をよく考えながらそれらの導かれた過程に従って計算した方が間違いも起こりにくい．

積分因数の拡張

例題 4 や例題 5 では dx の前の係数を $\partial\varPhi/\partial x$，$dy$ の前の係数を $\partial\varPhi/\partial y$ とおいて計算を進め，一般解 $\varPhi = C$(定数)を得た．これに対して例題 1 の方程式に dx を掛けたつぎの微分方程式

$$2xy dx - dy = 0 \tag{2.7c}$$

について同じ解法を試みたらどうなるであろうか．すなわち

$$P \equiv \frac{\partial \varPhi}{\partial x} = 2xy, \quad Q \equiv \frac{\partial \varPhi}{\partial y} = -1$$

と考えて，これを満たす $\varPhi$ を求めるのである．まず第 1 式を x で積分して

$$\varPhi = x^2y + G(y) \quad (G \text{ は } y \text{ の任意関数})$$

を得るから,これを y で偏微分して第 2 式と比較する.

$$\frac{\partial \varPhi}{\partial y} = x^2 + G'(y) = -1$$

$$\therefore \quad G'(y) = -x^2 - 1$$

これから $G(y)$ を求めれば良いのであるが,G は y だけの関数と仮定したにもかかわらず,右辺には変数 x が含まれており矛盾が生じている.第 2 式を先に y で積分し,つぎにこれを x で偏微分して第 1 式と比較しても同様の困難を生じる.したがって,このやり方では解が求められない.

このように,ただ単に dx の前に書かれている関数を $\partial \varPhi/\partial x$,$dy$ の前に書かれている関数を $\partial \varPhi/\partial y$ と書いたのではうまくいくとは限らない.方程式が全微分の形にまとめられるためには条件 (2.34) が満たされていなければならなかった.ところが,いまの例では

$$\frac{\partial P}{\partial y} = \frac{\partial}{\partial y}(2xy) = 2x, \quad \frac{\partial Q}{\partial x} = \frac{\partial}{\partial y}(-1) = 0$$

であり,これらは一致していなかったのである.

しかし,式 (2.7c) の両辺に $\exp(-x^2)$ を掛けたもの

$$2xye^{-x^2}dx - e^{-x^2}dy = 0 \tag{2.7d}$$

を考えると,こんどは $P = 2xy\exp(-x^2)$,$Q = -\exp(-x^2)$ と置けて,

$$\frac{\partial P}{\partial y} = \frac{\partial}{\partial y}(2xye^{-x^2}) = 2xe^{-x^2}, \quad \frac{\partial Q}{\partial x} = \frac{\partial}{\partial x}(-e^{-x^2}) = 2xe^{-x^2}$$

となり,条件 (2.34) を満たす.したがって,全微分の形にまとめられる.解は前述の解法 1 や解法 2,あるいは式 (2.7d) を

$$d(-ye^{-x^2}) = 0$$

のように書き直したものを積分することにより

$$e^{-x^2}y = C \text{(定数)}$$

となる.もちろん,これは解 (2.9) と一致する.

このように,もとの微分方程式 (2.7c) のままでは全微分の形に書けなくても,その両辺に 0 でない関数 $\exp(-x^2)$(これを $\mu(x, y)$ と書いておく)

を掛けることによって，全微分の形にまとめられるならば前述の方法で解が求められる．このような関数 $\mu(x,y)$ をまえと同様に**積分因数**と呼ぶ．

上で述べたことを一般化してみよう．まず，dx の前の係数を $P(x,y)$，dy の前の係数を $Q(x,y)$ と書くと，与えられた方程式は

$$P(x,y)dx+Q(x,y)dy = 0 \tag{2.30b}$$

あるいは

$$P(x,y)+Q(x,y)\frac{dy}{dx} = 0 \tag{2.30a}$$

である．このままでは全微分にまとめられなくても——条件(2.34)を満足しなくても——，これに積分因数という"うまい関数" $\mu(x,y)$ を掛けた式

$$\mu(x,y)P(x,y)dx+\mu(x,y)Q(x,y)dy = 0 \tag{2.40b}$$

あるいは

$$\mu(x,y)P(x,y)+\mu(x,y)Q(x,y)\frac{dy}{dx} = 0 \tag{2.40a}$$

が完全微分形になっていればよい．すなわち，まえに考えた P, Q, Φ の代わりに，それぞれ $\mu P, \mu Q$ および新たな関数 $\Psi(x,y)$ を使って

$$\mu P = \frac{\partial \Psi}{\partial x}, \quad \mu Q = \frac{\partial \Psi}{\partial y} \tag{2.41}$$

のように表わせたとすると，式(2.40b, a)は全微分

$$d\Psi(x,y) = 0, \quad \text{あるいは} \quad \frac{d}{dx}\Psi(x,y(x)) = 0$$

と書ける．その結果，解は

$$\Psi(x,y) = C, \quad \text{または} \quad \Psi(x,y(x)) = C \tag{2.42}$$

となる(C は定数)．これを y について解けば $y=y(x,C)$ の形に解が求められる．

"もとの微分方程式に積分因数を掛ける"と言ったが，逆にもとの微分方程式は式(2.40a, b)であったのに，0 でない共通因子 $\mu(x,y)$ で両辺が割ってあったために(誰がやったかはこのさい問題ではない)，完全微分形で

ない方程式(2.30a, b)になってしまっていたと考えてもよい．とすると，結局われわれの課題は，この消えてしまった情報——積分因数——をいかに探し出すかということになる．

積分因数の求め方(II)——消えた情報探し

完全微分形に書けるためには条件(2.34)が必要であった．上の例の場合には P, Q, Φ の代わりに，それぞれ $\mu P, \mu Q, \Psi(x, y)$ を使ったので

$$\frac{\partial}{\partial y}(\mu P) = \frac{\partial}{\partial x}(\mu Q) \left(= \frac{\partial^2 \Psi}{\partial x \partial y}\right) \tag{2.43a}$$

すなわち

$$P\frac{\partial \mu}{\partial y} - Q\frac{\partial \mu}{\partial x} + \mu\left(\frac{\partial P}{\partial y} - \frac{\partial Q}{\partial x}\right) = 0 \tag{2.43b}$$

がその条件となる．

積分因数を求めるためには，式(2.43)を解けばよいのであるが，これは大変難しく，一般的なよい方法はない．しかし，つぎに述べるいくつかの方法を試みてみるとうまくいく場合がある．

(1) 視察により完全微分形にまとめる

これは，ともすると名人芸的なところがあり，初学者にはなかなか納得し難いことかもしれない．しかし，以下に述べるようないくつかのコツがある．これに着目してみよう．まず，dx, dy の係数に x と y が対称性よく含まれている場合，

$$d(xy) = ydx + xdy, \qquad d(xy)^n = n(xy)^{n-1}(ydx + xdy) \tag{2.44a, a$'$}$$

$$d(x^2 \pm y^2) = 2xdx \pm 2ydy \tag{2.44b}$$

$$d\left(\frac{y}{x}\right) = \frac{xdy - ydx}{x^2}, \qquad d\left(\frac{x}{y}\right) = \frac{ydx - xdy}{y^2} \tag{2.44c, c$'$}$$

$$d\left(\tan^{-1}\frac{y}{x}\right) = \frac{xdy - ydx}{x^2 + y^2} \tag{2.44d}$$

$$d(\sin^{-1}xy) = \frac{xdy+ydx}{\sqrt{1-x^2y^2}} \qquad (2.44\text{e})$$

などの例を逆に利用して完全微分形にまとめる．

---- **例題 6** ----

つぎの微分方程式を解け．
$$\left(\frac{1}{x}+xy\right)dx+x^2dy=0$$

［解］まず $xydx+x^2dy$ に着目し，これに式(2.44a)を利用して $x(ydx+xdy)=xd(xy)$ と変形する．つぎに x で全体を割る．これにより

$$\frac{1}{x^2}dx+d(xy)=d\left(-\frac{1}{x}+xy\right)=0$$

とまとめられる．解は

$$-\frac{1}{x}+xy=C$$

となる（C は任意の積分定数）．積分因数 μ は $\mu=1/x$ である．

---- **例題 7** ----

つぎの微分方程式を解け．
$$(y^2-xy)dx+x^2dy=0$$

［解］まず $-xydx+x^2dy=-x(ydx-xdy)$ に着目し，全体を x で割る．

$$\frac{y^2}{x}dx-ydx+xdy=0$$

ここで ydx と xdy の係数の符号が逆であったら，y/x や x/y のような商の形の全微分を予想するのがよい．そこで式(2.44c, c′)の利用を考える．それには全体をさらに x^2 または y^2 で割って

$$\frac{y^2}{x^3}dx+\frac{-ydx+xdy}{x^2}=0, \quad \text{または} \quad \frac{1}{x}dx+\frac{-ydx+xdy}{y^2}=0$$

とし，アンダーラインの部分をそれぞれ $d(y/x)$, $-d(x/y)$ とまとめる．残りの部分を見ると，2番目の式 $(1/x)dx$ は全微分の形 $d(\log x)$ に書ける（一般

に，任意の関数 $f(x), g(y)$ に対して，$f(x)dx$ や $g(y)dy$ はそれぞれの変数でふつうに積分すればよい）．結局，解は

$$\log x - \frac{x}{y} = C$$

となる（C は任意の積分定数）．積分因子は $\mu = 1/xy^2$ である． ∎

微分方程式が $xdy - ydx$ のような形を含んでいるだけでなく，さらに $x^2 + y^2$ のようなまとまりをもつときには，$r = \sqrt{x^2 + y^2}$ および $\tan\theta = y/x$ で決まる2次元の極座標 (r, θ) およびこれに密接な関係のある三角関数の利用が考えられる．

---- 例題 8 ----

つぎの微分方程式を解け．
$$xdy - ydx - 2(x^2 + y^2)dx = 0$$

［解］ 両辺を $(x^2 + y^2)$ で割り，式 (2.44d) を用いて

$$\frac{xdy - ydx}{x^2 + y^2} - 2dx = d\left(\tan^{-1}\frac{y}{x} - 2x\right) = 0$$

$$\therefore \quad \tan^{-1}\frac{y}{x} - 2x = C$$

を得る（C は積分定数）．積分因子は $\mu = 1/(x^2 + y^2)$ である． ∎

(2) 方程式の中の特徴ある関数に着目する

微分方程式の中に指数関数や対数関数，あるいは三角関数など特徴のある関数が現れたら，まずそれらに着目して全微分の形にまとめる．

---- 例題 9 ----

つぎの微分方程式を解け．
$$e^y dx - x(2xy + e^y)dy = 0$$

［解］ 指数関数 e^y を含む項を見ると，$e^y dx - xe^y dy$ となっている．これがもし $e^y dx + xe^y dy$ であったら $d(xe^y)$ とまとめられるが，いまの例では2

つの項の符号が異なっている．

微分して相対的な符号が異なるためには y/x や e^y/x のように，x の関数 f と y の関数 g の商の形（$f(x)/g(y)$ や $g(y)/f(x)$ など）が必要である．そこで試みに

$$d\left(\frac{e^y}{x}\right) = \frac{xe^y dy - e^y dx}{x^2}$$

を見てみよう．右辺の分子に，例題にある数式と同じまとまりのあることがわかる．これを利用するために，もとの微分方程式を x^2 で割り，

$$-\frac{xe^y dy - e^y dx}{x^2} - 2y dy = -d\left(\frac{e^y}{x} + y^2\right) = 0$$

と変形すれば，解は

$$\frac{e^y}{x} + y^2 = C$$

となる（C は定数）．積分因数は $\mu = 1/x^2$ である．

(3) 積分因数を適当に仮定する

視察によって積分因数が簡単には求められないときでも，積分因数を

$$\mu = x^\alpha y^\beta \qquad (2.45)$$

と仮定して，式(2.34)や(2.43)を満たすようにすればよい場合がある．たとえば，例題6をもう一度取り上げてみよう．

―― **例題 6** ――

つぎの微分方程式を解け．

$$\left(\frac{1}{x} + xy\right)dx + x^2 dy = 0$$

［別解］　まず，積分因数を $\mu = x^\alpha y^\beta$ と仮定して，上式の両辺にこれを掛け

$$(x^{\alpha-1} y^\beta + x^{\alpha+1} y^{\beta+1})dx + x^{\alpha+2} y^\beta dy = 0$$

とする．これらを式(2.30b)と比較すると

ポイント2 ●積分因数の発見

$$P = x^{\alpha-1}y^{\beta} + x^{\alpha+1}y^{\beta+1}, \qquad Q = x^{\alpha+2}y^{\beta}$$

となる．完全微分形に書けるための条件は式(2.34)，すなわち$\partial P/\partial y = \partial Q/\partial x$であるから，これに

$$\frac{\partial P}{\partial y} = \beta x^{\alpha-1}y^{\beta-1} + (\beta+1)x^{\alpha+1}y^{\beta}, \qquad \frac{\partial Q}{\partial x} = (\alpha+2)x^{\alpha+1}y^{\beta}$$

を代入し，同じ関数形をもつ項どうしを比較する．その結果

$$\beta = 0, \qquad \beta+1 = \alpha+2$$

となり，$\alpha = -1, \beta = 0$を得る．これから

$$\mu = \frac{1}{x}, \qquad P = \frac{1}{x^2} + y, \qquad Q = x$$

と求められる．あとはこれまでに示した手順を用いて解が求まる．たとえば解法1に従えば，つぎのようになる．まず$Q = \partial\varPhi/\partial y$を$y$で積分して

$$\varPhi = xy + f(x)$$

を得る(fはxの任意関数)．さらに，$\partial\varPhi/\partial x = P$から

$$f'(x) = \frac{1}{x^2}, \qquad f(x) = -\frac{1}{x} + A$$

と決まる(Aは定数)．以上より解は$\varPhi = $定数，すなわち

$$xy - \frac{1}{x} = C$$

となる(Cは任意定数)．

この方法はdxやdyの前の係数に指数関数や三角関数などが含まれている場合にも用いることができる．要するに同じ関数形を持つものどうしを比較してαやβが決まればよいのである．

逆に言うと，これを満たすα, βがなければ式(2.45)の形の積分因数はないことになる．たとえば，例題8をこの方法で解こうとしてもうまくいかない(この場合の積分因数は$\mu = 1/(x^2+y^2)$であった)．

これら以外にも，積分因数を見いだす試みはいくつもある．しかし，その大部分はμやP, Qがある条件を満たしていて，式(2.43)が簡単な形に

書ける場合に限られている．

(4) 積分因数発見のさらなる試み

一例として積分因数 μ が x だけに依存する，すなわち $\mu=\mu(x)$ と仮定したらどうなるかを考えてみよう．この場合には，$\partial\mu/\partial y=0$, $\partial\mu/\partial x=d\mu/dx$ となるので，式(2.43b)から

$$-Q\frac{d\mu}{dx}+\mu\left(\frac{\partial P}{\partial y}-\frac{\partial Q}{\partial x}\right)=0$$

あるいは，これを変形して

$$\frac{1}{\mu}\frac{d\mu}{dx}=\frac{d}{dx}\log\mu=\left(\frac{\partial P}{\partial y}-\frac{\partial Q}{\partial x}\right)\Big/Q$$

を得る．一般にはこれ以上の計算はできないが，もし(幸運にも)右辺も x だけの関数となっていれば，そのまま x で積分が実行できて

$$\mu=\exp\left\{\int^{x}\left(\frac{\partial P}{\partial y}-\frac{\partial Q}{\partial x}\right)\Big/Q\,dx\right\} \tag{2.46}$$

を得る．

前に考えた例題6にあてはめると

$$\left(\frac{1}{x}+xy\right)dx+x^2dy=0$$

より

$$P=\frac{1}{x}+xy, \quad Q=x^2$$

したがって，

$$\frac{\partial P}{\partial y}=x, \quad \frac{\partial Q}{\partial x}=2x$$

すなわち

$$\frac{\partial P}{\partial y}-\frac{\partial Q}{\partial x}=-x=-\frac{Q}{x}$$

が成り立つ．これは上の条件を満たしているので，式(2.46)により

$$\mu=\exp\left\{\int^{x}\left(-\frac{1}{x}\right)dx\right\}=e^{-\log x}=\frac{1}{x}$$

となる.

ここで述べた方法は,積分因数が x や y のベキの形に限らず,もっと一般の場合にも成り立つ.たとえば,1階の線形常微分方程式(2.16)

$$\frac{dy}{dx}+p(x)y = f(x)$$

は,$\{p(x)y-f(x)\}dx+dy=0$ と書けるから,$P=p(x)y-f(x)$, $Q=1$ となる.これから

$$\frac{\partial P}{\partial y}-\frac{\partial Q}{\partial x} = p(x) = p(x)Q$$

が成り立つから,式(2.46)により

$$\mu = \exp\left(\int^x p(u)du\right)$$

を得る.これは式(2.11)と一致する.

完全微分形ならば $\partial P/\partial y-\partial Q/\partial x=0$ であるから,式(2.46)から $\mu=$ 定数 $(=1)$ が導かれる.これが0でない場合でも上で述べたような特別な場合には積分因数が求まる,というわけである.

同様にして積分因数 μ が y だけの関数であったり,xy の関数であったり,y/x の関数であったり,…という具合にいろいろ仮定をおきながら拡張することはできるが,実際にそれで解が求まるかどうかはケース・バイ・ケースであり,一概には何ともいえない.

積分因数という消えた情報をいかに発見するかは試行錯誤的なものであって,うまく見つけられたときに"なぜ"それが見つけられたかという質問には十二分に答えることはおそらくできない.しかしながら,ここで説明したいくつかの経験則があって,それらをまず試みてみるのは時間と労力の節約のためにも価値がある.

ポイント 3

定数を変えて解を求める

　与えられた方程式をそのまま解こうとすると難しいが，方程式の一部分だけを取り出してしまえば簡単に解けることがある．こんなときにその"解ける部分"から糸口を見つけ，もとの方程式の解を作る方法がある．その代表的なものが「定数変化法」と呼ばれている解法である．

　これはまず同次方程式の解を求め，つぎにこれを定数倍したものがもとの非同次方程式の解となるように定数——実は関数——を決める方法である．何だかだまされたような気がするかもしれない．しかし，これでうまく解を求めることができる．このポイントではそのからくりをさぐってみることにしよう．

定数変化法とは

ポイント1でマルサスの「人口増加の法則」を表わす微分方程式について述べた．これは人口増加の割合 dy/dx がいま現在の人口 y に比例するというもので

$$\frac{dy}{dx} = ay \qquad (3.1)$$

という微分方程式で表わされた(ここでは時間を表わす変数として x を用いている)．この解は変数分離形に持ち込んでも，積分因数法を用いても求めることができて

$$y = Ce^{ax} \qquad (3.2)$$

となる(C は積分定数)．解(3.2)は任意の積分定数を含んでおり，微分方程式(3.1)の一般解である．

さて解(3.2)は，$a>0$ ならば時間とともに指数関数的に人口が増加することを表わしている．たしかにこの法則は人口が少なくて，しかも食料やその他の環境が理想的であれば正しいと思われる．しかし現実はどうだろうか．

人口増加が進むと食住環境は次第に悪くなり，増加を抑える要素が増してくる．このことを考慮して微分方程式を次のように修正する．

$$\frac{dy}{dx} = ay - by^2 \qquad (b \geqq 0) \qquad (3.3)$$

右辺を $(a-by)y$ と書き直してみれば，これは人口が増えると人口増加率が鈍る(式(3.1)の a が $a-by$ となる)ということをもっとも簡単な形で表わしている．とくに式(3.3)において $b=0$ とすると式(3.1)になる．方程式(3.3)は変数分離形に変形して解くこともできるが，ここでは次のようにして解を求めてみよう．

式(3.3)で b が非常に小さいときや y の非常に小さい範囲内で考えるならば，右辺第2項の $(-by^2)$ は第1項の ay に比べて無視できるので，微分方程式(3.3)は(3.1)に帰着し，解は(3.2)で与えられる．しかし，この解

に従って人口が増え続けていくと，やがて式(3.3)の右辺第2項が効いてくるので解を補正しなければならなくなる．この補正の方法として，式(3.2)では定数と見なしていた係数 C を時間 x の関数と考えるのである．すなわち

$$y = C(x)e^{ax} \tag{3.4}$$

とし，これが式(3.3)を満たすように C を決めてみる．この試みが成功して最終的に得られた結果がもとの方程式の解となっていればそれでよい．そこで式(3.4)を微分して(3.3)に代入すると

$$\left(\frac{dC}{dx}e^{ax} + \underline{Cae^{ax}}\right) = \underline{a(Ce^{ax})} - b(Ce^{ax})^2$$

となる．したがって，左右の辺でアンダーライン部分が一致し，その結果

$$\frac{dC}{dx} = -bC^2 e^{ax} \tag{3.5}$$

を得る．この式は次のように積分できる．

$$-\int \frac{dC}{C^2} = \int be^{ax}dx, \quad \therefore \quad \frac{1}{C} = \frac{b}{a}e^{ax} + A$$

ただし，A は積分定数である．これと式(3.4)から式(3.3)の解は

$$y = \frac{e^{ax}}{A + (b/a)e^{ax}} = \frac{1}{(b/a) + Ae^{-ax}} \tag{3.6}$$

となる．解(3.6)は，初期においては人口が指数関数的に増加し，十分時間が経つと一定の人口に近づくことを示している(図 3.1)．

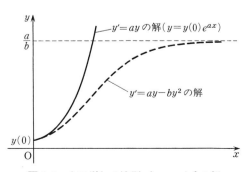

図 3.1　人口増加の法則 $y' = ay - by^2$ の解

上で説明した方法は，与えられた方程式の一部分だけを取り出して解を求め，それに適切な補正を加えてもとの方程式を満たすようにしたものである．同じような考え方で，つぎの微分方程式を解いてみよう．

例題 1

$$\frac{dy}{dx} = ay + bx \qquad (a>0, b>0) \tag{3.7}$$

の解を求めよ．

[解] この方程式でも x が小さいときは，右辺第 1 項の ay が支配的であると考えられる．そこでまず式(3.7)の右辺で bx を除いた部分を考える．これは式(3.1)と同じであり，解は(3.2)で表わされる．ふたたびこの定数 C を x の関数と考えて式(3.4)のような解を仮定し，これを(3.7)に代入する．

$$\frac{dC}{dx} = bxe^{-ax}$$

これを積分すると

$$C = -\frac{b}{a}\left(x + \frac{1}{a}\right)e^{-ax} + A$$

となる（A は積分定数）．これを式(3.4)に代入し，

$$y = -\frac{b}{a}\left(x + \frac{1}{a}\right) + Ae^{ax} \tag{3.8}$$

を得る．

このように，一部分だけを取り出す過程では解が求めやすいものを考えればよい．ではどのような場合に方程式が扱いやすいのであろうか．式(3.3)では $(-by^2)$ という項を，例題 1 では x という項を落としたものを考えた．

両者の共通点は，y に比例しない項を除いたことにあるようである．これの意味するところはじつは大変大きなものがある．まず式(3.1)では，y を定数倍（いま仮に 2 倍とする）したとしても

$$\frac{d(2y)}{dx} = a(2y) \xrightarrow{(\div 2)} \frac{dy}{dx} = ay \qquad (3.9)$$

のように全体をその定数 2 で割ればもとの方程式と同じになる．

これは $2y$ に対する解が y に対して求めた解をただ 2 倍したものとなっていることを意味している．したがって，たとえば人口 10 万人の町の 30 年後の人口が 12 万人であったとすると，人口 20 万人の町の 30 年後の人口が 24 万人になっているはずだというように，1 つの例を単純に何倍かするだけで他の多くの場合が議論できるという普遍性を持っている．

これに対して式(3.3)や(3.7)で y を 2 倍すると

$$\frac{d(2y)}{dx} = a(2y) - b(2y)^2 = 2ay - 4by^2 \xrightarrow{(\div 2)} \frac{dy}{dx} = ay - \underline{2by^2}$$

$$\frac{d(2y)}{dx} = a(2y) + bx = 2ay + bx \xrightarrow{(\div 2)} \frac{dy}{dx} = ay + \underline{\frac{b}{2}x}$$

となり，もとの式とは(アンダーライン部分が)異なったものとなる．

したがって，式(3.3)や(3.7)に従う人口法則では，仮にある 1 つの場合の解がわかっても，これを単純に何倍かするというようなやり方で他の場合を予想することができないのである．これは，そのときどきの人口(y)や時代(x)によって人口増加のようすが異なることによる．

式(3.3), (3.7)は，じつは ポイント 2 で述べた非同次方程式であり，これまで示してきた方法は非同次方程式を解く 1 つの方法を与えている．これをまとめると

> (1) まず同次方程式の解を定数倍して形式的に非同次方程式の解を表現し
> (2) つぎに全体がつじつまの合うようにその"定数"を変化させて解を求める

ということになる．この方法を **定数変化法**(method of variation of constants)と呼ぶ．なお，同次，非同次については ポイント A も参照されたい．

例題 2

線形 1 階の微分方程式
$$\frac{dy}{dx}+p(x)y = f(x) \tag{3.10}$$
を定数変化法で解け.

[解] これは $f(x)$ があるから非同次方程式である. まず右辺を 0 とした同次方程式の解は, 変数分離形にして積分するか(ポイント1)あるいは積分因数法(ポイント2)により求められ

$$y = e^{-P(x)}, \qquad P(x) = \int^x p(u)du \tag{3.11}$$

と書ける. そこで非同次方程式(3.10)の解を

$$y = C(x)e^{-P(x)} \tag{3.12}$$

と置き, 微分すると

$$y' = C'e^{-P(x)}+C(-P')e^{-P(x)} = \{C'(x)-C(x)p(x)\}e^{-P(x)}$$

を得る. これらを式(3.10)に代入すると, C の満たす方程式は

$$\frac{dC}{dx} = f(x)e^{P(x)} \tag{3.13}$$

となる. これを積分して

$$C(x) = A+\int^x f(v)e^{P(v)}dv \qquad (A は積分定数)$$

を得る. この $C(x)$ を式(3.12)に代入すれば式(3.10)の一般解

$$y = Ae^{-P(x)}+e^{-P(x)}\int^x f(v)e^{P(v)}dv \tag{3.14}$$

が得られる. これはポイント2で得られた式(2.17b)と一致する.

式(3.14)の右辺第 1 項は同次方程式の一般解, 第 2 項は非同次方程式の特解になっている.

式(3.3)を一般化した線形 1 階の微分方程式

$$\frac{dy}{dx}+p(x)y = g(y) \tag{3.15}$$

についても同様である．まず同次方程式の解は式(3.11)であるから，

$$y = C(x)e^{-P(x)} \tag{3.12}$$

を式(3.15)に代入して

$$\frac{dC}{dx} = g(y)e^{P(x)} = g(Ce^{-P(x)})e^{P(x)} \tag{3.16}$$

を得る．これを積分して C が求まれば，式(3.12)から y が決まる．

この場合には，式(3.15)の右辺の関数 $g(y)$ が具体的に与えられなければ，一般解 y を式(3.14)のように1つの式にまとめて書くことはできない．しかし，それは何ら問題ではない．実際，式(3.3)の例でも $g(y)$ の y に式(3.12)を代入して C についての方程式を解いた．

式(3.14)は複雑であるから，これを公式として覚えるのは薦められない．それよりは定数変化法の精神に則って，その都度，上で述べたプロセスを実行した方が間違いが起こりにくい．

2階の場合の定数変化法

1階の微分方程式で述べたのと同じ考え方で2階の線形非同次微分方程式の解を求めることができる．まず解くべき2階の非同次方程式が

$$\frac{d^2y}{dx^2} + p(x)\frac{dy}{dx} + q(x)y = f(x) \tag{3.17}$$

で与えられたとする．つぎに式(3.17)で $f=0$ と置いた同次方程式の独立な2つの解 y_1, y_2 が求まったとする．ここで2つの解が独立であるとは，一方の解が他方の定数倍でないことを言う（ポイント A 参照）．これらは

$$y_1'' + py_1' + qy_1 = 0 \tag{3.18a}$$

$$y_2'' + py_2' + qy_2 = 0 \tag{3.18b}$$

を満たす．そこでもとの非同次方程式の解を

$$y = C_1(x)y_1(x) + C_2(x)y_2(x) \tag{3.19}$$

と仮定する．これから

$$y' = C_1 y_1' + C_2 y_2' + C_1' y_1 + C_2' y_2$$

となる．ここで，以下の計算の便宜のために
$$C_1'y_1 + C_2'y_2 = 0 \tag{3.20}$$
の条件を付けておく．これは，C_1, C_2 の2階微分が現れないようにするためである．こうすると
$$y' = C_1 y_1' + C_2 y_2'$$
$$y'' = C_1 y_1'' + C_2 y_2'' + C_1' y_1' + C_2' y_2'$$
となるので，これらを式(3.17)に代入して

$$\begin{array}{rl} y'' = & C_1 y_1'' + C_2 y_2'' + C_1' y_1' + C_2' y_2' \\ py' = & p(C_1 y_1' + C_2 y_2') \\ +) \quad qy = & q(C_1 y_1 + C_2 y_2) \\ \hline f = & 0 \quad + 0 \quad + C_1' y_1' + C_2' y_2' \end{array} \tag{3.21}$$

を得る．右辺で0となっている列は式(3.18a, b)を用いた．結局，C_1', C_2' の満たすべき方程式をまとめると
$$\begin{cases} C_1' y_1 + C_2' y_2 = 0 & (3.20) \\ C_1' y_1' + C_2' y_2' = f & (3.21) \end{cases}$$
となる．これより C_1', C_2' を求めると
$$C_1' = -y_2 f / W, \quad C_2' = y_1 f / W \tag{3.22}$$
である．ただし W は
$$W = y_1 y_2' - y_2 y_1' = \begin{vmatrix} y_1 & y_2 \\ y_1' & y_2' \end{vmatrix} \tag{3.23}$$
で与えられ，$W \neq 0$ と仮定した．上式の最右辺の行列式は連立1次方程式 (3.20), (3.21)における係数から成っており，**ロンスキー行列式**（ロンスキアン，Wronskian）と呼ばれるものである．

式(3.22)を x で積分し，式(3.19)に代入すれば(3.17)の解が得られ

$$y = y_1(x)\left\{ A - \int^x \frac{y_2(u)f(u)}{W(u)} du \right\} + y_2(x)\left\{ B + \int^x \frac{y_1(u)f(u)}{W(u)} du \right\}$$

$$\tag{3.24}$$

となる．ここで A と B は任意の積分定数である．

式(3.24)は複雑な形をしているが，ともかくこのように2階の非同次微分方程式についても，定数変化法で解が得られることがわかった.

n 階の常微分方程式の場合

3階以上の微分方程式についても，これまでの考えを拡張することができる．つぎの例を見てみよう．

例題 3

つぎの3階非同次微分方程式を解け.
$$y''' - \frac{6}{x^2}y' + \frac{12}{x^3}y = x \tag{3.25}$$

[解] まず同次方程式

$$y''' - \frac{6}{x^2}y' + \frac{12}{x^3}y = 0 \tag{3.26}$$

を考える．このような方程式を解くときに便利な考え方を簡単に述べておく．

一般にxの関数$f(x)$をxで1回微分すると，xのベキは1次下がる（つまりx^nは微分すればnx^{n-1}になる）．したがって，xのベキだけに着目すれば，xによる微分とxによる割り算は同じ次数の変化を生じる．すなわち，y'はxで，y''はx^2で割ることに相当する．

そこで式(3.26)の各項をみると

$$y''' \propto \frac{y}{x^3}, \quad -\frac{6}{x^2}y' \propto \frac{y}{x^3}, \quad \frac{12}{x^3}y \propto \frac{y}{x^3}$$

のように，いずれもxについて同じ次数になっていることがわかる．このような場合に方程式は<u>xについて同次</u>（この場合にはxについて-3次）であるという．

さて，方程式がxについて同次式であるならば，一般に$y \propto x^n$の形で解が表わされる．実際，式(3.26)に$y = x^n$を代入すると

$$n(n-1)(n-2)x^{n-3} - 6nx^{n-3} + 12x^{n-3} = 0$$

$$\therefore \quad (n+2)(n-2)(n-3)x^{n-3} = 0$$

となり,これから,$n=-2, 2, 3$ のいずれかであれば与えられた方程式を満たすことがわかる.このやり方のうまいところは,x についての同次式であれば方程式全体が x の共通のベキでくくり出せて係数だけの関係式に帰着されることにあった.

このようにして同次方程式(3.26)の一般解は C_1, C_2, C_3 を定数として

$$y = \frac{C_1}{x^2} + C_2 x^2 + C_3 x^3 \qquad (3.27)$$

と求められる.

つぎに非同次方程式の解を

$$y = \frac{C_1(x)}{x^2} + C_2(x)x^2 + C_3(x)x^3 \qquad (3.28)$$

と仮定する.2階のときに式(3.20)のように条件をつけたのと同様に C_1, C_2, C_3 の間に適当な条件を課す.式(3.20)では,C_1, C_2 の2階微分が現れないようにするためと述べた.この場合にはどうすればよいだろうか.その方針について,もう少し一般的に説明しておこう.

たとえば,「3つの自然数 L, M, N の積 LMN の最大値を求めよ」と問題が与えられたとき,L, M, N について制限をつけない限り L, M, N をひとつに決めることはできない.また,たとえば「$L+M+N=10$ を満たす自然数 L, M, N について積 LMN の最大値を求めよ」と問われても解は1通りには決まらない.

ところが,たとえば「$L+M+N=10, L+2M+3N=20$ の2条件を満たす自然数 L, M, N について積 LMN の最大値を求めよ」と問われれば解が1通りに決められる(答は $L=3, M=4, N=3$ のときで最大値は 36 となる).

要するに式(3.28)で3つの"定数"を導入したなら,これらを決めるために3つの方程式が必要である.その1つは与えられた微分方程式であるから,これ以外に2つの条件が必要となるのである.

このことを念頭に置いて y' を計算すると

$$y' = \frac{C_1'}{x^2} + C_2' x^2 + C_3' x^3 - \frac{2C_1}{x^3} + 2C_2 x + 3C_3 x^2$$

となる．2階のときと同様に，ここでもし C_1', C_2', C_3' を残しておくと，y'' を計算するときに C_1'', C_2'', C_3'' が現れ，また y''' を計算するときに C_1''', C_2''', C_3''' が現れるという具合に，いつまでたっても微分方程式が簡単にならない．そこで

$$\frac{C_1'}{x^2}+C_2'x^2+C_3'x^3=0 \tag{3.29a}$$

という（1番目の）条件を課す．その結果，y' は

$$y'=-\frac{2C_1}{x^3}+2C_2x+3C_3x^2$$

となる．これをさらに微分して

$$y''=-\frac{2C_1'}{x^3}+2C_2'x+3C_3'x^2+\frac{6C_1}{x^4}+2C_2+6C_3x$$

となるが，上と同様の考察により2番目の条件

$$-\frac{2C_1'}{x^3}+2C_2'x+3C_3'x^2=0 \tag{3.29b}$$

を課す．したがって

$$y''=\frac{6C_1}{x^4}+2C_2+6C_3x$$

となる．上式を微分すると

$$y'''=\frac{6C_1'}{x^4}+2C_2'+6C_3'x-\frac{24C_1}{x^5}+6C_3$$

を得る．そこで，これらを方程式(3.25)に代入して3番目の条件

$$\frac{6C_1'}{x^4}+2C_2'+6C_3'x=x \tag{3.29c}$$

を得る．以上の結果を並べて書くと，C_1', C_2', C_3' が満たすべき関係式は

$$\begin{cases} \dfrac{1}{x^2}C_1'+x^2C_2'+x^3C_3'=0 & (3.29a) \\[6pt] -\dfrac{2}{x^3}C_1'+2xC_2'+3x^2C_3'=0 & (3.29b) \\[6pt] \dfrac{6}{x^4}C_1'+2C_2'+6xC_3'=x & (3.29c) \end{cases}$$

である．この C_1', C_2', C_3' に関する連立1次方程式を解くと，

が得られる．これらをそれぞれ積分すると

$$C_1 = \frac{x^6}{120}, \quad C_2 = -\frac{x^2}{8}, \quad C_3 = \frac{x}{5}$$

となり，式(3.28)に代入して特解

$$y = \frac{x^6}{120} \cdot \frac{1}{x^2} - \frac{x^2}{8} \cdot x^2 + \frac{x}{5} \cdot x^3 = \frac{(1-15+24)}{120} x^4 = \frac{x^4}{12}$$

を得る．微分方程式(3.25)の一般解は，上式に同次方程式(3.26)の一般解(3.27)を加えた

$$y = \frac{x^4}{12} + \frac{A}{x^2} + Bx^2 + Cx^3 \tag{3.30}$$

である(ただし A, B, C は任意定数)．

ここまでくると一般に n 階の線形非同次常微分方程式に対して上の方法を拡張するやり方も見当がついてくるであろう．まず微分方程式が

$$\frac{d^n y}{dx^n} + a_{n-1}(x)\frac{d^{n-1}y}{dx^{n-1}} + \cdots + a_1(x)\frac{dy}{dx} + a_0(x)y = f(x) \tag{3.31}$$

のような形で与えられているとする．この場合にも同次方程式の独立な解が n 個求まったとし，これらを $y_1(x), y_2(x), \cdots, y_n(x)$ と表わす．すなわち，

$$y_k^{(n)} + a_{n-1}y_k^{(n-1)} + \cdots + a_1 y_k' + a_0 y_k = 0 \quad (k=1, \cdots, n)$$

が成り立っている(ここで $y_k^{(n)}$ は y_k の n 階の微分係数を表わす)．そこで非同次方程式の解を

$$y = C_1(x)y_1(x) + C_2(x)y_2(x) + \cdots + C_n(x)y_n(x) \tag{3.32}$$

と仮定し，式(3.31)に代入する．これまでの考察から，$C_1, C_2, \cdots, C_n$ の間には $(n-1)$ 個の条件を与えなければならないことがわかる．そこで，まず式(3.32)を y について微分すると

$$y' = C_1'y_1 + C_2'y_2 + \cdots + C_n'y_n + C_1 y_1' + C_2 y_2' + \cdots + C_n y_n'$$

を得る．これをこのままつぎつぎと y で微分していくと C の高階微分係数が現れ，C を決めるのが困難になると予想されるので

$$C_1'y_1 + C_2'y_2 + \cdots + C_n'y_n = 0 \tag{3.33a}$$

という条件をつける(1番目の条件)．これにより
$$y' = C_1 y_1' + C_2 y_2' + \cdots + C_n y_n'$$
となり，ふたたび y で微分して
$$y'' = C_1' y_1' + C_2' y_2' + \cdots + C_n' y_n' + C_1 y_1'' + C_2 y_2'' + \cdots + C_n y_n''$$
を得る．ここでも前と同様に
$$C_1' y_1' + C_2' y_2' + \cdots + C_n' y_n' = 0 \qquad (3.33\text{b})$$
の条件(2番目)をつけ，
$$y'' = C_1 y_1'' + C_2 y_2'' + \cdots + C_n y_n''$$
を得る．このような手続きをつぎつぎと実行して $(n-1)$ 番目までの条件
$$C_1' y_1^{(n-2)} + C_2' y_2^{(n-2)} + \cdots + C_n' y_n^{(n-2)} = 0 \qquad (3.33\text{c})$$
および
$$y^{(n-1)} = C_1 y_1^{(n-1)} + C_2 y_2^{(n-1)} + \cdots + C_n y_n^{(n-1)}$$
を得る．上で求めた $y, y', y'', \cdots, y^{(n-1)}$ を式(3.31)に代入すると(y_k が同次方程式の解であることを考慮して)
$$C_1' y_1^{(n-1)} + C_2' y_2^{(n-1)} + \cdots + C_n' y_n^{(n-1)} = f(x) \qquad (3.33\text{d})$$
を得る．こうして $C_1', C_2', \cdots, C_n'$ に対する n 元連立1次方程式
$$C_1' y_1 + C_2' y_2 + \cdots + C_n' y_n = 0$$
$$C_1' y_1' + C_2' y_2' + \cdots + C_n' y_n' = 0$$
$$\cdots\cdots$$
$$C_1' y_1^{(n-2)} + C_2' y_2^{(n-2)} + \cdots + C_n' y_n^{(n-2)} = 0$$
$$C_1' y_1^{(n-1)} + C_2' y_2^{(n-1)} + \cdots + C_n' y_n^{(n-1)} = f(x)$$
が得られた．これを解いて得られる $C_j'(j=1, \cdots, n)$ をさらに積分して C_j を求め，式(3.32)に代入すれば特解が求まる．

n が大きいと，具体的に上の計算をするのはめんどうに思えるかもしれない．しかし，ここでのポイントは定数変化法の精神を理解することである．一般的な場合にも，定数変化法を用いて解が求まることを納得してもらえればそれでよい．

階数を少しでも下げる工夫を

これまで同次微分方程式の解に適当な修正を加えて，もとの非同次微分方程式の解を求める方法について述べてきた．そこでは同次微分方程式の解を<u>すべて</u>用いて解が構成された．しかし，たとえば同次方程式の解が<u>1つ</u>しか知られていないときはどうすればよいだろうか．その解を修正してもとの非同次微分方程式の解を得ることができるだろうか．

1階の同次方程式の1つの解からもとの非同次方程式の解を導く手続きは，定数変化法そのものに他ならない．したがって，この場合はもう答えが与えられている．

2階の微分方程式の場合はどうだろう．57ページで扱った2階非同次方程式

$$\frac{d^2y}{dx^2}+p(x)\frac{dy}{dx}+q(x)y = f(x) \tag{3.17}$$

を考えよう．まず同次方程式の1つの解を y_1 とすると，y_1 は

$$y_1''+p(x)y_1'+q(x)y_1 = 0 \tag{3.34}$$

を満たす．いま

$$y = y_1(x)z(x) \tag{3.35}$$

で与えられる解を仮定し，微分方程式(3.17)に代入すると

$$\begin{aligned} qy &= qy_1z \\ py' &= p(y_1'z+y_1z') \\ +)\ y'' &= y_1''z+2y_1'z'+y_1z'' \\ \hline f &= (2y_1'+py_1)z'+y_1z'' \end{aligned}$$

を得る．ただし，この計算に際して式(3.34)を用いた．上式を y_1 で割り，$z'=w$ と置くと

$$\frac{dw}{dx}+\left(2\frac{y_1'}{y_1}+p\right)w = \frac{f}{y_1} \tag{3.36}$$

という w についての1階の微分方程式になる．したがって，この方程式はこれまで述べてきたような通常の定数変化法によって解ける．解 w が求ま

ったら，これを積分して z を求め，式(3.35)に代入すると式(3.17)の解が得られる．したがって，同次方程式のただ1つの解 y_1 から非同次方程式の解を構成できたわけである．

ところで，定数変化法の精神に則ると，方程式(3.36)を解くときにまず $f=0$ の同次方程式の解を求める必要がある．これは，

$$\frac{dw}{w} = -\left(2\frac{y_1'}{y_1}+p\right)dx$$

と変数分離形にして積分をすれば

$$\log|w| = -2\log|y_1| - P(x)$$

$$\therefore\ w = z' = \frac{1}{y_1^2}e^{-P(x)}, \quad \text{ただし}\quad P(x) = \int^x p(u)du \quad (3.37)$$

となるから，さらに積分して z を求め，y_1 を掛けると，式(3.35)から

$$y_2 \equiv y_1 z = y_1(x)\int^x \frac{1}{y_1(u)^2}e^{-P(u)}du \quad (3.38)$$

を得る．このようにして得た同次解 y_2 は，$y_2/y_1 = z \neq$ 定数 であるから，y_1 とは互いに独立であることがわかる．解(3.38)はのちに別の方法で導く式(6.52)と一致する．

この結果は，同次解が1つしかわかっていない場合にも，うまく工夫すればもう1つの同次解が得られることを示している．すると，前に述べた定数変化法を用いて，やはり非同次方程式の解が得られることになる．

これまで説明してきた方法のうまいところは，もとの方程式の解 y を同次解 y_1 との積 $y_1 z$ の形に仮定することによって，方程式の最低次の項(すなわち微分のかからない項)を消してしまうところにある．w についてみれば1階だけ階数の下った微分方程式となって問題が解きやすくなるのである．これを**階数低下法**(reduction of order)と呼ぶ．

他にも微分方程式の種類に応じたさまざまな階数低下法がある．しかし，ここではそれらを1つ1つ説明するのは省く．

この ポイント で強調したいのは，微分方程式の一部分でもよいから解ける

部分があったら，それを利用してもとの方程式の解が見つかる可能性があるということである．これまで説明してきた階数低下法はその典型的な例になっていた．

ポイント **4**

e^x の微分は e^x

指数関数は何回微分してもその関数の形が変わらない．この性質を利用すると，定数係数の線形同次常微分方程式の解は指数関数の形で必ず求まる．
ただし，一般には指数関数の変数が複素数になるので，指数関数の定義される領域を実数から複素数に拡張しておく必要がある．こうすれば，解は指数関数と三角関数が混じった見慣れた形で表現される．

e^x は何回微分しても e^x

一般に，実数 $a\,(a\neq 0)$ に対して

$$y = a^x \tag{4.1}$$

が定義でき，これを**指数関数**(exponential function)という．指数関数は

$$a^{x+y} = a^x \times a^y = a^y \times a^x \tag{4.2}$$

$$a^{-x} = \frac{1}{a^x} \tag{4.3}$$

という性質をもつ．この ポイント では，とくに a が特別の値 e をとる指数関数

$$y = e^x \tag{4.4}$$

に着目する．ただし，e は自然対数の底と呼ばれ，

$$e = 2.718281828459045\cdots \tag{4.5}$$

で与えられる無理数である．式(4.4)で与えられる関数の１つの特徴は，これを xy 平面上のグラフで表わしたときに，点$(0,1)$における接線の傾き(勾配)が１であること，つまり

$$\lim_{h\to 0}\frac{e^h-1}{h} = 1 \tag{4.6}$$

となっていることである．

関数 e^x はもちろん指数関数の性質

$$e^{x+y} = e^x \times e^y = e^y \times e^x, \quad e^{-x} = \frac{1}{e^x} \tag{4.7}$$

を満たす．

さて点$(0,1)$以外の点での関数 $y=e^x$ の勾配はどうであろうか．これは微分の定義と指数関数の性質(4.7)から導かれ

$$\frac{de^x}{dx} = \lim_{h\to 0}\frac{e^{x+h}-e^x}{(x+h)-x} = \lim_{h\to 0}\frac{e^x(e^h-1)}{h} = e^x \tag{4.8}$$

となる．つまり「e^x の微分係数はそこでの関数の値 e^x に等しい」のである．これは，すでに ポイント 1 の表 1.1 でも示した事実である．式(4.8)を繰り返し使うと，結局 e^x は何回微分しても e^x であるということになる．

すなわち，つぎの式が成り立つ．

$$\frac{d^n e^x}{dx^n} = \frac{d^{n-1}}{dx^{n-1}}\left(\frac{d}{dx}e^x\right) = \frac{d^{n-1}}{dx^{n-1}}e^x = \cdots = e^x \tag{4.9}$$

このような性質をもった関数 e^x は理工学でとくに重要で，ふつう指数関数と言えば e^x のことを指す．以下，この意味で指数関数を使おう．なお，e^x は英語名の exponential function の先頭の3文字をとって $\exp(x)$ とも表わす．

指数関数解

指数関数は何回微分してもその関数形が変わらないことがわかった．また，式(4.8)や(4.9)に合成関数の微分規則(1.13)を用いると

$$\frac{d}{dx}e^{\lambda x} = \lambda e^{\lambda x}, \quad \frac{d^n}{dx^n}e^{\lambda x} = \lambda^n e^{\lambda x} \tag{4.10}$$

が得られる（ただし λ は定数である）．これらのことを利用して微分方程式を解いてみよう．

まず ポイント 1 の例題1で扱ったマルサスの「人口増加の法則」を表わす微分方程式

$$\frac{dy}{dx} = ay \tag{4.11}$$

を考える．この微分方程式は y を1回微分したものが y を a 倍したものに等しいことを表わしている．これは指数関数の持っている性質(4.10)と同じである．そこで(4.11)の解を

$$y = e^{\lambda x} \tag{4.12}$$

と仮定する．定数 λ は式(4.11)を満たすように決めればよい．実際，式(4.12)を(4.11)に代入すると

$$\text{左辺} = \frac{dy}{dx} = \lambda e^{\lambda x}, \quad \text{右辺} = ay = ae^{\lambda x}$$

$$\therefore \quad (\lambda - a)e^{\lambda x} = 0$$

となる．したがって，$\lambda = a$ と選んでおけば式(4.11)を満足する．これよ

り解は e^{ax} となる．ところで微分方程式(4.11)では，どの項も y に比例しているので，上で求めた解 $y=e^{ax}$ に勝手な定数 A を掛けた

$$y = Ae^{ax} \quad (A は任意の定数) \tag{4.13}$$

も解であることがわかる．解(4.13)は任意の定数を含むので一般解である．ここで初期条件として，たとえば $y(0)=1$ を課せば $A=1$ と決まる．この条件を満たす解(すなわち特解)は，

$$y = e^{ax} \tag{4.14}$$

である．式(4.13)や(4.14)は指数関数の形を仮定して求めた解なので，**指数関数解**と呼ばれる．

同様の考え方で，2階以上の線形微分方程式も扱うことができる．

例題 1

つぎの微分方程式を解け．

$$\frac{d^2y}{dx^2} = y \tag{4.15}$$

[**解**] この微分方程式においても，y を2回微分したものが y に等しいから，式(4.12)と同様に $y=e^{\lambda x}$ と仮定し，式(4.15)に代入する．

$$\lambda^2 e^{\lambda x} = e^{\lambda x}, \quad \therefore \quad (\lambda^2 - 1)e^{\lambda x} = 0$$

これから定数 λ が $+1, -1$ のいずれかであれば微分方程式(4.15)は満たされることがわかる．すなわち，λ のそれぞれに対応して e^x と e^{-x} の2つが解となる．さらにこれらに適当な定数 A, B を掛けて加え合わせたもの

$$y = Ae^x + Be^{-x} \quad (A, B は定数) \tag{4.16}$$

も解になっている．これは2つの任意の定数を含むので一般解である．初期条件として，たとえば $y(0)=1, y'(0)=0$ を課すと

$$y(0) = A+B = 1$$
$$y'(0) = [Ae^x - Be^{-x}]_{x=0} = A-B = 0$$

となり，$A=B=1/2$ と決定される．このとき特解は

$$y = \frac{1}{2}(e^x + e^{-x}) \equiv \cosh x \tag{4.17}$$

となる．式(4.17)に現れた関数 $\cosh x$ は双曲線関数と呼ばれている関数の1つであり，ハイパボリック・コサイン x と読む．

上で見た例から，指数関数を用いた一般解がうまく求められた理由を考えてみよう．まず気がつくことは，微分方程式(4.11)や(4.15)が y やその導関数を1次式の形で含んでいることである．このような方程式を y について**線形**(linear)であるという．線形の方程式では式(4.13)や(4.16)のように解を定数倍したり，いくつかの解を加えたりしたものも解になるという重要な性質をもっている（ポイント A 参照）．これに対して $y^2, \sqrt{y}, y'^2$ のように y の依存のしかたが1次でない項を含む方程式は y について**非線形**(nonlinear)であるという．非線形方程式では，このような性質は満たされない．

たとえば，
$$y''(x)^2 - 5y'(x)^2 + 4y(x)^2 = 0$$
は y について2次の非線形同次方程式である．ここで $y = e^{\lambda x}$ と置けば，
$$(\lambda^4 - 5\lambda^2 + 4)e^{2\lambda x} = (\lambda-1)(\lambda+1)(\lambda-2)(\lambda+2)e^{2\lambda x} = 0$$
となるから，
$$e^x, \quad e^{-x}, \quad e^{2x}, \quad e^{-2x}$$
の1つ1つが解になっている．これは特解で，しかも指数関数解である．しかし，これらを加え合わせて一般解を作ろうとしても
$$y = Ae^x + Be^{-x} + Ce^{2x} + De^{-2x}$$
(A, B, C, D は任意の定数)はもとの微分方程式を満たさない．このように非線形の微分方程式では解の重ね合わせができない．解を重ね合わせて，与えられた条件を満たそうとするには方程式の線形性が大変重要である．

また線形の微分方程式であっても，その係数に x が含まれていたり，あるいは非同次項（y に依存しない項など）があったりすると，解を $e^{\lambda x}$ と仮定したときに λ だけの簡単な関係式にまとめることができない．たとえば，
$$\frac{dy}{dx} + x + y = 0$$
という方程式を考えれば，$y = e^{\lambda x}$ と仮定して解を求めることができないの

はすぐにわかる．

したがって，指数関数の形を仮定して方程式の解を求める方法がうまくいくのは，一般に線形かつ同次の微分方程式で，しかも係数が定数の場合である．ただし，多少の拡張はできるが，その点はのちに述べることにする．

指数関数の変数が複素数だったら

この方法を用いて微分方程式を解く例を 2 つ考えてみよう．そのまえに，よく用いる指数関数の公式を挙げておくことにする．

指数関数 e^x の指数 x は，これまで暗に実数を考えてきた．しかし，指数が複素数の場合にも指数関数を拡張することができる．そのためにまず，θ を実数として

$$\begin{cases} e^{i\theta} = \cos\theta + i\sin\theta & (4.18\text{a}) \\ e^{-i\theta} = \cos\theta - i\sin\theta & (4.18\text{b}) \end{cases}$$

と定義する．このとき

$$e^{-i\theta} = \cos\theta - i\sin\theta = \frac{\cos\theta - i\sin\theta}{\cos^2\theta + \sin^2\theta} = \frac{1}{\cos\theta + i\sin\theta} = \frac{1}{e^{i\theta}}$$

が成り立つ．また，θ_1, θ_2 を実数として

$$\begin{aligned} e^{i\theta_1 + i\theta_2} &= e^{i(\theta_1 + \theta_2)} = \cos(\theta_1 + \theta_2) + i\sin(\theta_1 + \theta_2) \\ &= \cos\theta_1 \cos\theta_2 - \sin\theta_1 \sin\theta_2 + i(\sin\theta_1 \cos\theta_2 + \cos\theta_1 \sin\theta_2) \\ &= (\cos\theta_1 + i\sin\theta_1)(\cos\theta_2 + i\sin\theta_2) \\ &= e^{i\theta_1} \times e^{i\theta_2} = e^{i\theta_2} \times e^{i\theta_1} \end{aligned}$$

も成り立つ．すなわち，$e^{i\theta}$ は指数関数の性質を満たす．

したがって，(4.18) と定義すれば，指数関数は複素数の指数の場合にも自然に拡張されるのである．拡張のかなめとなる式 (4.18) を**オイラーの公式**(Euler's formula) という．

さらに，一般の複素数 $z = \alpha + i\beta$ (α, β は実数) に対しても指数関数の性質を満たすと考えると

$$e^z = e^{\alpha+i\beta} = e^\alpha \times e^{i\beta} = e^\alpha(\cos\beta + i\sin\beta) \qquad (4.19)$$

と拡張することができる.

例題 2

つぎの微分方程式

$$m\frac{d^2y}{dx^2} = -ky \qquad (4.20)$$

を初期条件 $y(0)=1$, $y'(0)=0$ のもとで解け. ただし, m, k は正の定数とする.

[解] この微分方程式は式(4.15)とよく似ている. 違いは右辺の y の係数の符号だけである. そこで前と同様, 解を $y=e^{\lambda x}$ と仮定し, 式(4.20)に代入すると,

$$m\lambda^2 e^{\lambda x} = -k e^{\lambda x}$$

となる. 上式が満たされるためには

$$m\lambda^2 = -k$$

すなわち,

$$\lambda = \pm i\sqrt{k/m} \equiv \pm i\omega$$

でなければならない. ただし, $\omega = \sqrt{k/m}$ は正の定数である. したがって, $e^{i\omega x}$ と $e^{-i\omega x}$ が解になっている. 一般解はこれらを任意定数倍して加え合わせた

$$y = Ae^{i\omega x} + Be^{-i\omega x}$$

である(A, B は定数). 初期条件から

$$y(0) = A+B = 1$$
$$y'(0) = i\omega(A-B) = 0$$

が得られ, $A=B=1/2$ と決定される. 以上よりこの問題の解は

$$y = \frac{1}{2}(e^{i\omega x} + e^{-i\omega x}) \qquad (4.21)$$

となる. ところで式(4.21)の指数関数の指数は虚数である. そこでオイラーの公式(4.18)を用いると, 解(4.21)は

$$y = \cos \omega x \tag{4.22}$$

と書き直すことができる.

この例題の微分方程式は,y をバネの伸び,x を時間,k をバネ定数,m をバネの先につけられた物体の質量としたとき**単振動**(simple harmonic oscillator)と呼ばれる運動を表わしている.式(4.20)の右辺のマイナス符号は,力が伸び y の大きくなる方向と逆向きに働いていることを示しているのである.この運動のようすを図4.1に示した.

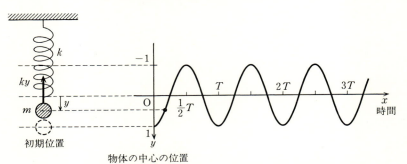

図 4.1 バネの振動(単振動). $T=2\pi/\omega=2\pi\sqrt{m/k}$ は振動の周期

つぎの例題は,例題2がもう少し複雑になったものである.

例題 3

つぎの微分方程式を解け.

$$\frac{d^2y}{dx^2}+2\frac{dy}{dx}+2y=0 \tag{4.23}$$

[解] これまでと同様に $y=e^{\lambda x}$ とおいて上式に代入すると

$$\lambda^2+2\lambda+2=0$$

となる.この方程式は次式で表わされる相異なる根 λ_1, λ_2 を持つ.

$$\lambda_1 = -1+i, \quad \lambda_2 = -1-i$$

したがって,e^{-x+ix} と e^{-x-ix} が解になっている.一般解は,これらの線形結合で表わされるから

$$y = A\exp(\lambda_1 x)+B\exp(\lambda_2 x)$$

$$= e^{-x}(Ae^{ix}+Be^{-ix})$$

である．やはりオイラーの公式を用いると上式は，

$$y = e^{-x}\{(A+B)\cos x + i(A-B)\sin x\}$$
$$= e^{-x}(C_1 \cos x + C_2 \sin x) \tag{4.24}$$

となる．ただし，$C_1=A+B$, $C_2=i(A-B)$ も任意の定数である．

定数係数線形2階の常微分方程式

一般的な定数係数線形2階の常微分方程式

$$\frac{d^2y}{dx^2}+a\frac{dy}{dx}+by = 0 \tag{4.25}$$

を考えてみよう．まず，表現を簡潔にするために，微分演算子 L というものを導入する．これは，たとえば微分係数 dy/dx を求めるときに

$$\frac{dy}{dx} \rightarrow \frac{d}{dx}y \equiv L[y]$$

のように演算の部分 d/dx が y に"掛け算される"と考える．この y の前にある部分が微分演算子である．そして $2y$ は y に 2 が掛けられているというのと同じように，y に何らかの演算を行なうならその"何らかの演算"が y に掛けられていると考えるのである．ふつうはこれを L と書いて，[ ]の中に微分を実行される関数(ここでは y)を表示する．

したがって，方程式(4.25)の左辺において

$$\frac{d^2y}{dx^2}+a\frac{dy}{dx}+by = \left(\frac{d^2}{dx^2}+a\frac{d}{dx}+b\right)y$$

と書き直し，右辺の( )の微分演算の部分だけを取り出して

$$L \equiv \frac{d^2}{dx^2}+a\frac{d}{dx}+b$$

と書くと，式(4.25)は

$$L[y] = 0 \tag{4.26}$$

のように簡潔に表現することができる．

ところで，解を $y=e^{\lambda x}$ と仮定して，式(4.25)に代入することは，演算子

——ポイント4● e^x の微分は e^x

L を指数関数 $e^{\lambda x}$ に作用させることであり

$$L[e^{\lambda x}] = \left(\frac{d^2}{dx^2}+a\frac{d}{dx}+b\right)e^{\lambda x} = (\lambda^2+a\lambda+b)e^{\lambda x}$$

となる．したがって式(4.26)が指数関数解 $y=e^{\lambda x}$ を持つためには λ は

$$\phi(\lambda) \equiv \lambda^2+a\lambda+b = 0 \tag{4.27}$$

の根でなければならない．式(4.27)はすでにこれまでの例でも用いてきたが，**特性方程式**(characteristic equation)と呼ばれるものである．

2次方程式(4.27)は複素数の範囲内で考えれば，2つの根を持つことが知られている．この2つの根が互いに異なるか，あるいは重根になっているかで以下の取り扱いが異なる．

まず λ が異なる2根 λ_1, λ_2 を持てば，それに対応して2つの解

$$\{e^{\lambda_1 x}, e^{\lambda_2 x}\} \tag{4.28}$$

が得られる．この場合，一方の解は他方の解の定数倍になっていない．すなわち，2つの解は1次独立である．一般解は，A, B を定数として $y=Ae^{\lambda_1 x}+Be^{\lambda_2 x}$ で与えられる．

さて，$\lambda=\lambda_0$ が重根の場合には1つの解 $\exp(\lambda_0 x)$ だけしか得られない．2階の微分方程式では1次独立な解が2つ必要であるから，これだけでは不十分である．そこでもう1つの独立な解を探す必要がある．

そのためにまず，特性方程式が，異なる2つの根を持ち，それがきわめて近い値である場合を考えよう．いま2根を $\lambda=\lambda_0$ と $\lambda_0+\varepsilon$ (ただし，$0<\varepsilon\ll 1$) とする．したがって一般解は，

$$y = Ae^{\lambda_0 x}+Be^{(\lambda_0+\varepsilon)x}$$

と表わされる．これを

$$y = (A+B)e^{\lambda_0 x}+B(e^{(\lambda_0+\varepsilon)x}-e^{\lambda_0 x}) \equiv y_1+y_2$$

と書き直す．右辺第1項 $y_1=(A+B)e^{\lambda_0 x}$ は通常の方法で得られる解と同じである．右辺第2項 y_2 は

$$y_2 = B(e^{(\lambda_0+\varepsilon)x} - e^{\lambda_0 x}) = Be^{\lambda_0 x}(e^{\varepsilon x} - 1)$$

であるが，$e^{\varepsilon x}$ をテイラー展開すると

$$e^{\varepsilon x} = 1 + \varepsilon x + \frac{1}{2}(\varepsilon x)^2 + \cdots$$

となるから

$$y_2 = Be^{\lambda_0 x}\left(\varepsilon x + \frac{1}{2}(\varepsilon x)^2 + \cdots\right)$$

$$= (\varepsilon B)xe^{\lambda_0 x} + \frac{1}{2}B(\varepsilon x)^2 e^{\lambda_0 x} + \cdots$$

となる．そこで εB をあらためて定数 C と書き，C を一定に保ちながら $\varepsilon \to 0, B \to \infty$ の極限をとると

$$y_2 = Cxe^{\lambda_0 x} + \frac{1}{2}C\varepsilon x^2 e^{\lambda_0 x} + \cdots \to Cxe^{\lambda_0 x}$$

が得られる．$\varepsilon \to 0$ としたために，この極限の解は，λ_0 が重根となる場合の方程式(4.25)の解であると考えてよい．実際，$y_2 = Cxe^{\lambda_0 x}$ を(4.25)に代入してみると

$$y_2' = C(1 + \lambda_0 x)e^{\lambda_0 x}, \quad y_2'' = C(2\lambda_0 + \lambda_0^2 x)e^{\lambda_0 x}$$

であるから

$$y_2'' + ay_2' + by_2$$
$$= C\{(2\lambda_0 + \lambda_0^2 x) + a(1 + \lambda_0 x) + bx\}e^{\lambda_0 x}$$
$$= C\{(2\lambda_0 + a) + x(\lambda_0^2 + a\lambda_0 + b)\}e^{\lambda_0 x} = 0$$

となる．ここで λ_0 が式(4.27)の2重根であり，

$$\lambda^2 + a\lambda + b = (\lambda - \lambda_0)^2 = \lambda^2 - 2\lambda_0\lambda + \lambda_0^2$$

したがって，$a = -2\lambda_0, b = \lambda_0^2$ であることを使った．この結果は，2つのきわめて値が近い解の差の極限として得られる $y_2 = Cxe^{\lambda_0 x}$ も解になることを示している．

このようにして式(4.27)の根が一致する場合の2つの解

$$\{e^{\lambda_0 x}, xe^{\lambda_0 x}\} \qquad (4.29)$$

が得られた．2つの解の比は定数ではないから，互いに独立である．

——— ポイント 4 ● e^x の微分は e^x

特性方程式の根のようすで解の場合分けをする例を物理の代表的な問題で見てみよう．

例題 4

つぎの微分方程式を解け．
$$m\frac{d^2x}{dt^2}+\gamma\frac{dx}{dt}+kx = 0 \tag{4.30}$$
ここで x は質点 m の平衡点からの変位，t は時間，k はバネ定数，γ は速度に比例したまさつ力を表わす係数である（m,k,γ はいずれも正の定数である）．

［解］　これまでの方法に従って $x=e^{\lambda t}$ と置くと特性方程式は
$$\phi(\lambda) \equiv m\lambda^2+\gamma\lambda+k = 0$$
したがって以下のように場合分けを行なう．

（i）　$\gamma^2>4mk$ の場合

特性方程式は 2 実根 $\lambda_1=-\alpha+\beta$, $\lambda_2=-\alpha-\beta$ をもつ．ただし，$\alpha=\gamma/(2m)$, $\beta=\sqrt{\gamma^2-4mk}/(2m)$ と置いた．一般解は
$$x = C_1 e^{\lambda_1 t}+C_2 e^{\lambda_2 t}$$
（C_1, C_2 は任意の定数）となる．条件にあるように $m,\gamma,k>0$ から $\lambda_1,\lambda_2<0$ となるので，変位は時間とともに減衰する．このような振舞いは**過減衰**と呼ばれている（図 4.2(a) 参照）．

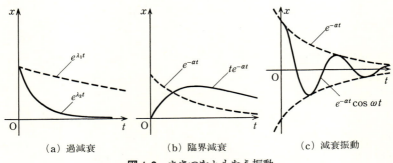

図 4.2　まさつをともなう振動

（ⅱ） $\gamma^2=4mk$ の場合

特性方程式は重根 $\lambda_0=-\alpha$ をもつ．式(4.29)の形の解があり，一般解は C_1, C_2 を任意の定数として

$$x = C_1 e^{-\alpha t} + C_2 t e^{-\alpha t}$$

となる．この場合も $t\to\infty$ では変位は 0 に漸近する．つぎに述べる場合(ⅲ)と前者(ⅰ)とのちょうど境目にあることから，**臨界減衰**と呼ばれる(図4.2(b)参照)．

（ⅲ） $\gamma^2<4mk$ の場合

特性方程式は共役な2つの複素根 $\lambda_1=-\alpha+i\omega$, $\lambda_2=-\alpha-i\omega$ をもつ．ただし $\omega=\sqrt{4mk-\gamma^2}/(2m)$ である．一般解は式(4.24)と同様にして

$$x = e^{-\alpha t}(C_1 \cos\omega t + C_2 \sin\omega t) = Ae^{-\alpha t}\cos(\omega t+\delta)$$

となる．ただし C_1, C_2 (あるいは A, δ) は任意の定数である．この場合，質点は振動を続けながら次第にその振幅が小さくなっていく．このような振動は**減衰振動**と呼ばれている(図4.2(c)参照)．

変数係数を持つ微分方程式への拡張

まえに，指数関数の形を仮定して解を求める方法は定数係数線形同次方程式以外にも多少拡張できると述べた．その1つは

$$x^2\frac{d^2y}{dx^2}+ax\frac{dy}{dx}+by = 0 \qquad (4.31)$$

の形の方程式である．式(4.31)のように，n 階微分の係数に必ず n 次の x がある微分方程式を**オイラー型**という．このような方程式を解くためには，「x で微分するたびに x を掛ける」という演算の特徴に着目する．どのように解を求めるかを，(4.31)を例にとって見てみよう．

―― 例題 5 ――――――――――――――――――――――
　微分方程式(4.31)の基本解を求めよ．
――――――――――――――――――――――――――

[解] 微分係数 dy/dx は微小な変化量 $\varDelta y$ と $\varDelta x$ の比という意味を持って

いたから，

$$x\frac{dy}{dx} \fallingdotseq x\frac{(\varDelta y)}{(\varDelta x)}$$

と近似してよいであろう．指数関数が微分によって関数の形を変えないことを思い起こし，$x=e^t$ とおくと

$$\varDelta x \fallingdotseq x'(t)\varDelta t = e^t \varDelta t \,(=x\varDelta t)$$

であるから

$$x\frac{(\varDelta y)}{(\varDelta x)} = e^t \frac{(\varDelta y)}{(e^t \varDelta t)} = \frac{(\varDelta y)}{(\varDelta t)} \xrightarrow[\varDelta x \to 0]{} x\frac{dy}{dx} = \frac{dy}{dt}$$

となる．また同じ変換によって

$$x^2 \frac{d^2 y}{dx^2} = x\frac{d}{dx}\left(x\frac{dy}{dx}\right) - x\frac{dy}{dx} = \frac{d^2 y}{dt^2} - \frac{dy}{dt}$$

となる．すなわち，新しい独立変数 t を導入すると，$x^2\dfrac{d^2y}{dx^2}$ や $x\dfrac{dy}{dx}$ の変数係数の項が定数係数の項に書き直される．これらを代入すると式(4.31)は

$$\frac{d^2 y}{dt^2} + (a-1)\frac{dy}{dt} + by = 0 \tag{4.32}$$

という定数係数線形同次の常微分方程式に帰着される．

式(4.32)の特性方程式は

$$\phi(\lambda) = \lambda^2 + (a-1)\lambda + b = 0 \tag{4.33}$$

である．したがって

（i） $(a-1)^2 - 4b \neq 0$ のとき

異なる2根 $\lambda_1 = \dfrac{(1-a)+\sqrt{(1-a)^2-4b}}{2}$, $\lambda_2 = \dfrac{(1-a)-\sqrt{(1-a)^2-4b}}{2}$ をもち，基本解は

$$y = \{e^{\lambda_1 t}, e^{\lambda_2 t}\} = \{x^{\lambda_1}, x^{\lambda_2}\} \tag{4.34}$$

（ii） $(a-1)^2 - 4b = 0$ のとき

重根 $\lambda_0 = (1-a)/2$ をもち，基本解は

$$y = \{e^{\lambda_0 t}, te^{\lambda_0 t}\} = \{x^{\lambda_0}, x^{\lambda_0} \log x\} \tag{4.35}$$

となる．

この例では重根をもつ場合の独立な解として $\log x$ に比例する項が現れ

《特性方程式の根を求めるだけでよい》————81

るのが特徴である．これと同じ事情が ポイント 6 で級数解を求めるときにも現れることを注意しておこう．

特性方程式が重根を持っていたら

2 階の微分方程式 (4.25)

$$\frac{d^2y}{dx^2}+a\frac{dy}{dx}+by = \left(\frac{d^2}{dx^2}+a\frac{d}{dx}+b\right)y = L[y] = 0$$

の解のうち，特性方程式の根が重根 λ_0 であるときの解が

$$\{e^{\lambda_0 x}, xe^{\lambda_0 x}\}$$

で与えられることは式 (4.29) で述べた．ところで第 2 の解はよく見ると第 1 の解を λ_0 で微分したものになっている．この点に着目して，前に導いた解をもう一度眺めてみよう．

まず，$y=e^{\lambda_0 x}$ が解であるとは

$$\begin{aligned}
L[e^{\lambda_0 x}] &= \left(\frac{d^2}{dx^2}+a\frac{d}{dx}+b\right)e^{\lambda_0 x} \\
&= (\lambda_0{}^2+a\lambda_0+b)e^{\lambda_0 x} \\
&= \phi(\lambda_0)e^{\lambda_0 x} = 0 \quad (4.36)
\end{aligned}$$

が成り立つことである．また，$y=xe^{\lambda_0 x}$ が解であるとは

$$\begin{aligned}
L[xe^{\lambda_0 x}] &= \left(\frac{d^2}{dx^2}+a\frac{d}{dx}+b\right)xe^{\lambda_0 x} \\
&= \overset{?}{\cdots\cdots} = 0 \quad (4.37)
\end{aligned}$$

が成り立つということである．

上式の？記号の部分がどうなっているかを見てみよう．いま x による微分と λ_0 による微分の順序は交換してもよいから

$$\begin{aligned}
\frac{d}{d\lambda_0}L[e^{\lambda_0 x}] &= \frac{d}{d\lambda_0}\left(\frac{d^2}{dx^2}+a\frac{d}{dx}+b\right)e^{\lambda_0 x} \\
&= \left(\frac{d^2}{dx^2}+a\frac{d}{dx}+b\right)\frac{d}{d\lambda_0}e^{\lambda_0 x} \\
&= \left(\frac{d^2}{dx^2}+a\frac{d}{dx}+b\right)xe^{\lambda_0 x} = L[xe^{\lambda_0 x}] \quad (4.38)
\end{aligned}$$

が成り立つ．これより式(4.37)の左辺は式(4.36)の左辺を λ_0 で微分したものに等しいことがわかる．それならば式(4.37)の ……$\overset{?}{=}0$ の部分も式(4.36)の $\phi(\lambda_0)e^{\lambda_0 x}=0$ を λ_0 で微分したものとなっているはずである．つまり

$$\phi'(\lambda_0)e^{\lambda_0 x} + x\phi(\lambda_0)e^{\lambda_0 x} = 0$$

となっていなければならない．ところが $e^{\lambda_0 x}$ と $xe^{\lambda_0 x}$ は独立であるから，上式が成り立つためには

$$\phi(\lambda_0) = 0, \quad \phi'(\lambda_0) = 0 \tag{4.39}$$

でなければならない．これは，とりもなおさず λ_0 が $\phi=0$ の2重根であること，すなわち特性方程式が

$$\phi(\lambda) = (\lambda - \lambda_0)^2 = 0 \tag{4.40}$$

となっていることを示している．逆に，式(4.40)ならば式(4.39)が成り立ち，これから(4.37)が導かれる．

以上をまとめると，特性方程式が重根を持つ場合には，はじめに得られる指数関数解をその特性方程式の根で微分することによって，すべての基本解を比較的容易に求めることができる．このようすを図4.3に示した．

$$
\begin{array}{ccc}
L[e^{\lambda_0 x}] = 0 & \Leftrightarrow & \phi(\lambda_0)e^{\lambda_0 x} = 0 \\
\dfrac{d}{d\lambda_0} \downarrow & & \dfrac{d}{d\lambda_0} \downarrow \\
L[xe^{\lambda_0 x}] \overset{?}{=} 0 & \Leftrightarrow & \{\phi'(\lambda_0) + x\phi(\lambda_0)\}e^{\lambda_0 x} \overset{?}{=} 0 \\
\text{(A)} & & \text{(B)}
\end{array}
$$

図4.3 微分方程式の λ_0 による微分(A)と解の確認(B)

図の一番上の行を λ_0 で微分するのはいつでも実行できる．特性方程式が重根をもつ場合の第2の解 $xe^{\lambda_0 x}$ が果たして方程式を満たしているかどうかの確認は2行目の式が満たされているかどうかを確認すればよい．このときの計算は左の列(A)よりも右の列(B)の方がはるかに簡単である．

とくに高階の線形微分方程式に拡張しようとするときには後者の方が見通しがよい．

具体例でこのことを確かめてみよう．

── 例題 6 ──

つぎの3階の微分方程式の一般解を求めよ．
$$L[y] \equiv \frac{d^3y}{dx^3} - 3\frac{d^2y}{dx^2} + 3\frac{dy}{dx} - y = 0 \tag{4.41}$$

[解] 指数関数解を求めるために，$y=e^{\lambda x}$ とおくと
$$L[e^{\lambda x}] = (\lambda^3 - 3\lambda^2 + 3\lambda - 1)e^{\lambda x} = (\lambda-1)^3 e^{\lambda x} = 0$$
となる．特性方程式は
$$\phi(\lambda) = (\lambda-1)^3 = 0$$
であるから，3重根 $\lambda=1$ を持つ．したがって，$\lambda=1$ に対して $\phi(\lambda)$ は
$$\phi(1) = 0$$
$$\phi'(1) = 3(\lambda-1)^2|_{\lambda=1} = 0$$
$$\phi''(1) = 6(\lambda-1)|_{\lambda=1} = 0$$
を満足する．$L[e^{\lambda x}]=\phi(\lambda)e^{\lambda x}=0$ およびこれを λ でつぎつぎと微分した式に $\lambda=1$ を代入すると

$$L[e^{\lambda x}]|_{\lambda=1} = \underline{L[e^x]} = \phi(1)e^x = 0 \tag{4.42a}$$

$$\frac{d}{d\lambda}L[e^{\lambda x}]\bigg|_{\lambda=1} = \underline{L[xe^x]} = \{\phi'(1)+x\phi(1)\}e^x = 0 \tag{4.42b}$$

$$\frac{d^2}{d\lambda^2}L[e^{\lambda x}]\bigg|_{\lambda=1} = \underline{L[x^2e^x]} = \{\phi''(1)+2x\phi'(1)+x^2\phi(1)\}e^x = 0 \tag{4.42c}$$

したがって，～部分から e^x, xe^x, x^2e^x のいずれも解であることがわかり，微分方程式(4.41)の一般解は
$$y = C_1 e^x + C_2 x e^x + C_3 x^2 e^x \tag{4.43}$$
となる（C_1, C_2, C_3 は任意の定数）．

定数係数線形高階の常微分方程式

定数係数線形2階および3階の常微分方程式で述べた指数関数解の求め方は，高階の微分方程式についても同様に適用できる．

一般の n 階の線形微分方程式

$$L[y] \equiv a_n \frac{d^n y}{dx^n} + a_{n-1} \frac{d^{n-1}y}{dx^{n-1}} + \cdots + a_1 \frac{dy}{dx} + a_0 y = 0 \qquad (4.44)$$

を考えよう．上式に $y = e^{\lambda x}$ を代入すれば，特性方程式

$$\phi(\lambda) \equiv a_n \lambda^n + a_{n-1} \lambda^{n-1} + \cdots + a_1 \lambda + a_0 = 0 \qquad (4.45)$$

を得る．この方程式の根 $\lambda_0, \lambda_1, \lambda_2, \cdots, \lambda_{n-1}$ がすべて異なる場合には n 個の互いに独立な解 $\{\exp(\lambda_k x)\}$ $(k=0, 1, 2, \cdots, n-1)$ が得られるから，一般解は

$$y = C_0 e^{\lambda_0 x} + C_1 e^{\lambda_1 x} + C_2 e^{\lambda_2 x} + \cdots + C_{n-1} e^{\lambda_{n-1} x} \qquad (4.46)$$

となる（$C_0, C_1, C_2, \cdots, C_{n-1}$ は任意の定数）．

特性方程式 $\phi(\lambda) = 0$ が重根を持つ場合，たとえば λ_0 が m 重根になっている場合について考えよう．このときは特性方程式は

$$\phi(\lambda) = (\lambda - \lambda_0)^m \psi(\lambda), \qquad \psi(\lambda_0) \neq 0$$

と因数分解されるから

$$\phi(\lambda_0) = \phi'(\lambda_0) = \phi''(\lambda_0) = \cdots = \phi^{(m-1)}(\lambda_0) = 0$$

$$\phi^{(m)}(\lambda_0) \neq 0$$

が成り立つ．前に行なったのと同様に $L[e^{\lambda x}] = \phi(\lambda) e^{\lambda x}$ を λ で微分して $\lambda = \lambda_0$ と置くと

$$L[e^{\lambda_0 x}] = \phi(\lambda_0) e^{\lambda_0 x} = 0$$

$$\frac{d}{d\lambda_0} L[e^{\lambda_0 x}] = L[x e^{\lambda_0 x}]$$
$$= \{\phi'(\lambda_0) + x\phi(\lambda_0)\} e^{\lambda_0 x} = 0$$

$$\frac{d^2}{d\lambda_0^2} L[e^{\lambda_0 x}] = L[x^2 e^{\lambda_0 x}]$$
$$= \{\phi''(\lambda_0) + 2x\phi'(\lambda_0) + x^2 \phi(\lambda_0)\} e^{\lambda_0 x} = 0$$

……

《特性方程式の根を求めるだけでよい》——— 85

$$\frac{d^{m-1}}{d\lambda_0^{m-1}}L[e^{\lambda_0 x}] = L[x^{m-1}e^{\lambda_0 x}]$$
$$= \{\phi^{(m-1)}(\lambda_0)+(m-1)x\phi^{(m-2)}(\lambda_0)+\cdots$$
$$+x^{m-1}\phi(\lambda_0)\}e^{\lambda_0 x} = 0$$

$$\frac{d^m}{d\lambda_0^m}L[e^{\lambda_0 x}] = L[x^m e^{\lambda_0 x}]$$
$$= \{\phi^{(m)}(\lambda_0)+mx\phi^{(m-1)}(\lambda_0)+\cdots+x^m\phi(\lambda_0)\}e^{\lambda_0 x} \neq 0$$

となるから,一般解は ～ 部分を考慮して

$$y = A_0 e^{\lambda_0 x}+A_1 x e^{\lambda_0 x}+A_2 x^2 e^{\lambda_0 x}+\cdots+A_{m-1}x^{m-1}e^{\lambda_0 x}$$
$$+C_1 e^{\lambda_1 x}+C_2 e^{\lambda_2 x}+\cdots+C_k e^{\lambda_k x}$$
$$= (A_0+A_1 x+A_2 x^2+\cdots+A_{m-1}x^{m-1})e^{\lambda_0 x}$$
$$+C_1 e^{\lambda_1 x}+C_2 e^{\lambda_2 x}+\cdots+C_k e^{\lambda_k x} \tag{4.47}$$

となる.ただし $A_0, \cdots, A_{m-1}, C_1, \cdots, C_k$ は任意の定数であり,$\lambda_1, \lambda_2, \cdots, \lambda_k$ は互いに異なる根とした.また $k=n-m$ である.もし λ_0 以外にも,たとえば λ_1 が多重根であれば λ_1 についても λ_0 と同じ形の解を書けばよい.

 指数関数は何回微分してもその関数形が変わらないというきれいな性質を持っている.この性質のおかげで,定数係数線形同次微分方程式の場合には,解を指数関数 $e^{\lambda x}$ の形に仮定するとこの部分が共通因子としてくくり出せ,微分方程式が特性方程式の根を求める問題に帰着できる.
 「定数係数」,「線形」,「同次」という3つの条件こそついているが,この条件さえ満たせば高階の微分方程式であっても指数関数の形の一般解が必ず求まる.
 「変数係数」である場合も,式(4.31)のオイラー型のように特別な場合には,変数変換によって定数係数の方程式に帰着できることがある.また「非同次」の場合も,その「同次」の部分の一般解を求めるのに,この ポイント で述べた方法が使える.あとは,非同次の特解を何らかの方法で見つければよいのである.

ポイント 5

演算子法と
ラプラス変換

　x による微分を「微分演算子 $d/dx(\equiv D)$ を掛ける」ということで表現すると，未知関数 y に対する定数係数線形常微分方程式は D の多項式と y の積で表わされる．これと同様に，ラプラス変換と呼ばれる変換においても微分が「ある数 s」の積として表現される．D や s についてはあたかもふつうの数のように四則演算ができ，解は，D や s の関数の割り算の形で簡単に求めることができる．あとは割り算の結果を見やすい形に直したり，変換したものをもとの変数に戻したりするだけである．

　これらの計算は比較的簡単に，しかも形式的に実行できるので，振動や電気回路特性の解析など多くの工学的な問題にも応用されている．

微分演算子とは

微分方程式に現れる微分係数 dy/dx を Dy と書いて簡潔に表現することがしばしば行なわれる．これを用いると，たとえば

$$\frac{d^2y}{dx^2} = \frac{d}{dx}\frac{d}{dx}y = D^2y$$

$$\frac{d^ny}{dx^n} = \underbrace{\frac{d}{dx}\cdots\frac{d}{dx}}_{n}y = D^ny$$

のように，微分の回数だけ y に D を掛けた形で表現される．したがって，これまでの ポイント で考えた微分方程式も

$$\frac{dy}{dx} = y \quad\Rightarrow\quad Dy = y \tag{5.1}$$

$$\frac{d^2y}{dx^2}+a\frac{dy}{dx}+by = 0 \Rightarrow (D^2+aD+b)y = 0 \tag{5.2}$$

のように D の多項式と y の積で表わされる．ここで dy/dx（あるいは Dy）は微分係数であるが，d/dx（あるいは D）のように y に作用する部分だけを指して**微分演算子**（differential operator）と呼ぶ．

ところで式(5.2)の ⇒ の右側の式は，ポイント 4 で指数関数解を求めたときに解を $y=e^{\lambda x}$ と仮定して ⇒ の左側の式に代入して得られた

$$(\lambda^2+a\lambda+b)e^{\lambda x} = 0 \tag{5.3}$$

と同じ形をしている．$e^{\lambda x}$ の前に掛かっている λ についての多項式を $\phi(\lambda)$ とおいた

$$\phi(\lambda) \equiv \lambda^2+a\lambda+b = 0 \tag{5.4}$$

は，特性方程式と呼ばれた．この記号を用いると式(5.2)の右側の式も $\phi(\lambda)$ の λ に D を代入した

$$\phi(D)y = 0 \tag{5.5}$$

の形に書ける．$\phi(D)$ は $\phi(\lambda)$ とちがって単なる数ではなく x による微分演算を与えるもので，式(5.5)のように x の関数 $y(x)$ に作用してはじめて意味をもつ．しかし，形式的にはふつうの数のように扱ってよい．

したがって，たとえば
$$(D^2+D-2)y = (D-1)(D+2)y$$
のように微分演算子 D の多項式についても因数分解をしてもよい．上式の右辺の表現は，「まず y に微分演算 $(D+2)$ を行ない，つぎにそれにさらに微分演算 $(D-1)$ を施す」ことを意味しており，もとの2階の微分方程式を「1階微分を最高階とする2回の演算」に分解して解いたものが同じ結果を与えることを示している．

微分演算子を用いた同次方程式の解き方

[ポイント]4 で定数係数線形同次方程式の解を指数関数 $e^{\lambda x}$ の形に仮定して求めた．ここでは上に述べたような微分演算子の性質を利用して解を求めてみよう．

まず，微分方程式(5.1)は
$$(D-1)y = 0 \tag{5.6}$$
と書け，解は，$y=Ae^x$ である（A は任意の定数）．このことは，直接代入して確かめることができる．さて，この事実をふまえて2階微分方程式の場合を考えてみよう．

--- **例題 1** ---

つぎの微分方程式の一般解を求めよ．
$$\frac{d^2y}{dx^2}+a\frac{dy}{dx}+by = 0$$

[解] $d/dx \equiv D$ とおくと，方程式は(5.2)そのものであり，
$$(D^2+aD+b)y = 0$$
と書ける．いま，$\phi(D)=D^2+aD+b=0$ が2根 λ_1, λ_2 ($\lambda_1 \neq \lambda_2$) をもつとすると，
$$(D^2+aD+b)y = (D-\lambda_1)(D-\lambda_2)y = 0 \tag{5.7}$$
のように因数分解ができる．式(5.7)は y に $(D-\lambda_2)$ と $(D-\lambda_1)$ を続けて演算したものである．$(D-\lambda_1)$ と $(D-\lambda_2)$ のどちらを先に演算しても同じ結果

を与えるから，式(5.7)は

$$(D-\lambda_1)y = 0 \tag{5.8a}$$

または

$$(D-\lambda_2)y = 0 \tag{5.8b}$$

が満たされれば成り立つ．式(5.8a)から $y=C_1 e^{\lambda_1 x}$，(5.8b)から $y=C_2 e^{\lambda_2 x}$ が得られ，結局，式(5.2)の一般解は，それぞれの線形結合

$$y = C_1 e^{\lambda_1 x} + C_2 e^{\lambda_2 x} \tag{5.9}$$

で与えられる (C_1, C_2 は任意の定数)．これは解(4.28)と一致する．

これに対して $\lambda_2 = \lambda_1 \equiv \lambda_0$ (重根)のとき，式(5.2)は

$$(D^2 + aD + b)y = (D-\lambda_0)^2 y = 0 \tag{5.10}$$

となる．まず $(D-\lambda_0)y=0$ の解が，$y=A\exp(\lambda_0 x)$ であることに着目すると，式(5.10)のもう1つの解は

$$(D-\lambda_0)y = A\exp(\lambda_0 x) \quad (A \text{ は任意の定数}) \tag{5.11}$$

を解けば得られることがわかる．なぜなら，式(5.11)に $(D-\lambda_0)$ を作用させると

$$(D-\lambda_0)(D-\lambda_0)y = (D-\lambda_0)A\exp(\lambda_0 x)$$
$$= \frac{d}{dx}A\exp(\lambda_0 x) - \lambda_0 A\exp(\lambda_0 x)$$
$$= 0$$

となり，式(5.10)に一致するからである．式(5.11)を解くために，$y=C(x)\times \exp(\lambda_0 x)$ と置いて定数変化法を用いる．すると，式(5.11)の左辺は，

$$(D-\lambda_0)y = (D-\lambda_0)C(x)\exp(\lambda_0 x)$$
$$= \{(C'(x)+C(x)\lambda_0)-\lambda_0 C(x)\}\exp(\lambda_0 x)$$
$$= C'(x)\exp(\lambda_0 x)$$

となる．これが式(5.11)の右辺に等しいことから，$C'(x)=A$，すなわち $C(x)=Ax+B$ となる (B は任意の定数)．したがって，式(5.10)の一般解は，

$$y = (Ax+B)e^{\lambda_0 x} \tag{5.12}$$

で与えられる．これも前に求めた結果(4.29)と一致する．

上で行なった解法は，高階の微分方程式でも同様である．定数係数同次

n 階の線形微分方程式

$$\frac{d^n y}{dx^n} + a_{n-1}\frac{d^{n-1}y}{dx^{n-1}} + \cdots + a_1\frac{dy}{dx} + a_0 y = 0 \tag{5.13}$$

において

$$\begin{aligned}\phi(D)y &= (D^n + a_{n-1}D^{n-1} + \cdots + a_1 D + a_0)y \\ &= (D-\lambda_0)^k(D-\lambda_1)^l \cdots (D-\lambda_j)^m = 0\end{aligned} \tag{5.14}$$

のように因数分解できたなら(ただし $k+l+\cdots+m=n$)，その解は

$$\begin{aligned}y =\ &(A_0 + A_1 x + A_2 x^2 + \cdots + A_{k-1}x^{k-1})e^{\lambda_0 x} \\ &+ (B_0 + B_1 x + B_2 x^2 + \cdots + B_{l-1}x^{l-1})e^{\lambda_1 x} \\ &+ \cdots\cdots \\ &+ (C_0 + C_1 x + C_2 x^2 + \cdots + C_{m-1}x^{m-1})e^{\lambda_j x}\end{aligned} \tag{5.15}$$

と書ける．

　以上をまとめると，微分方程式 $\phi(D)y=0$ を解くには $\phi(D)=0$ を D の多項式の方程式とみて形式的に因数分解し，その根 λ_k に対応して $\exp(\lambda_k x)$ の形を解とすればよい．もし λ_k が多重根であればその多重度を考慮して，式(5.15)のように x の多項式をそれに掛けたものが解となる．

　読者の中には，ここで示した方法が ポイント 4 で述べた特性方程式を用いて解を求める方法と近いことに気づいた人もいるだろう．微分演算子を用いる方法の大切な点はわざわざ λ に対する特性方程式を考えなくても，D をあたかもふつうの数のように扱って，解が同じように得られることである．

非同次微分方程式の特解の求め方

　つぎに定数係数線形非同次微分方程式の特解について考えてみよう．まず，

$$Dy \equiv \frac{dy}{dx} = f(x) \tag{5.16}$$

を考える．これは直接積分を行なえば解が求まる．解は

$$y = \int^x f(x)dx \tag{5.17}$$

である. 形式的には, 式(5.17)は(5.16)に左から微分演算子 D の逆の働きをする演算子 $1/D$ あるいは D^{-1} を掛けることによって導かれると解釈できる. すなわち

$$y = \frac{1}{D}Dy = \frac{1}{D}f(x) \tag{5.18}$$

と書くこともできる. これと式(5.17)を比較して

$$\frac{1}{D} = \int^x \cdots dx \tag{5.19}$$

を得る. 式(5.19)の $1/D$ を微分演算子 D の**逆演算子**と呼ぶ.

他の逆演算子についても調べてみよう. 微分方程式

$$(D-k)y \equiv \frac{dy}{dx} - ky = f(x) \tag{5.20}$$

は, たとえば定数変化法により解が求められる. 特解は

$$y = e^{kx}\int^x e^{-kx}f(x)dx \tag{5.21}$$

である. これも形式的には式(5.20)に左から $1/(D-k)$ あるいは $(D-k)^{-1}$ を掛けることによって導かれると解釈できる.

$$y = \frac{1}{D-k}(D-k)y = \frac{1}{D-k}f(x) \tag{5.22}$$

これと式(5.21)を比較すれば

$$\frac{1}{D-k} = e^{kx}\int^x e^{-kx}\cdots dx = e^{kx}\frac{1}{D}e^{-kx} \tag{5.23}$$

となっていることがわかる. 逆に, 演算子 $1/(D-k)$ に式(5.23)の意味を持たせれば, 解(5.21)は式(5.22)で与えられたことになる.

ここで注意を1つ述べておく. 微分演算子 D に左から逆演算子 $1/D$ を掛けるという言い方をしたが, 逆の演算ならば左右どちら側から掛けても

よいのではないか．ふつうの数ならばどちらから逆数を掛けてもかまわないし，微分と積分は逆演算であるからどちらを先にやっても同じような気がする．これを確かめてみよう．

$D^2 y = 1$ の特解は，$y = \dfrac{1}{2}x^2$ で与えられる．演算子 D^2 は x について2回微分を行なうものであるから，その逆演算子 $1/D^2$ は x について2回積分を行なうものとなる．したがって

$$D^2 \frac{1}{D^2} y = D^2 \left(\int^x \int^{x_1} \frac{x_2^2}{2} dx_2 dx_1 \right) = D^2 \left(\frac{x^4}{24} + C_1 x + C_2 \right) = \frac{x^2}{2} \tag{5.24}$$

$$\frac{1}{D^2} D^2 y = \frac{1}{D^2} \left(D^2 \frac{x^2}{2} \right) = \frac{1}{D^2} \{1\} = \int^x \int^{x_1} 1 dx_2 dx_1 = \frac{x^2}{2} + C_3 x + C_4 \tag{5.25}$$

となる（$C_1, \cdots, C_4$ は任意の定数）．式(5.24)は式(5.25)に比べて $C_3 x + C_4$ だけ余分である．ところが，$C_3 x + C_4$ は実は同次方程式 $D^2 y = 0$ の一般解である．

この例からわかるように，<u>微分演算子とその逆演算子の積は演算を行なう順序によって結果が異なる．しかし両者の差は同次方程式の解の部分だけである</u>から，一般に非同次方程式の一般解を求めるときには，この差を気にする必要はない．

なぜなら，最終的には非同次方程式の特解と同次方程式の一般解を加えるので，非同次方程式の特解を求める過程で同次方程式の解が紛れ込んでも，何ら困ることはないからである．そこで以下では，逆演算子を考えるときにはいつも，同次方程式の解の部分を無視することにする．

さらに逆演算子について別の見方ができる．式(5.20)を

$$y = -\frac{1}{k} f(x) + \frac{D}{k} y \tag{5.26}$$

と書き直し，右辺の y に左辺の y をつぎつぎと代入していくと

$$y = -\frac{1}{k} f(x) + \frac{D}{k} \left(-\frac{1}{k} f(x) + \frac{D}{k} y \right)$$

……

$$= -\frac{1}{k}\left(1+\frac{D}{k}+\frac{D^2}{k^2}+\frac{D^3}{k^3}+\cdots\right)f(x)$$

が得られる．これは式(5.22)で

$$\frac{1}{D-k} = -\frac{1}{k(1-D/k)} = -\frac{1}{k}\left(1+\frac{D}{k}+\frac{D^2}{k^2}+\frac{D^3}{k^3}+\cdots\right)$$

(5.27)

と形式的に展開したものと同じである．式(5.27)の左辺のように分数のままにして演算すれば式(5.23)のような積分を意味するが，右辺のように展開すれば微分の和であると考えることができる．

たとえば，前者のやり方では

$$\frac{1}{D-k}x = e^{kx}\int^x xe^{-kx}dx$$
$$= e^{kx}\left(-\frac{x}{k}e^{-kx}+\frac{1}{k}\int^x e^{-kx}dx\right)$$
$$= e^{kx}\left(-\frac{x}{k}e^{-kx}-\frac{1}{k^2}e^{-kx}+C\right) = -\frac{1}{k}\left(x+\frac{1}{k}\right)+Ce^{kx}$$

となるが(C は積分定数)，後者のやり方では

$$-\frac{1}{k}\left(1+\frac{D}{k}+\frac{D^2}{k^2}+\frac{D^3}{k^3}+\cdots\right)x = -\frac{1}{k}\left(x+\frac{1}{k}\right)$$

となる（ここで $D^2x=D^3x=\cdots=0$ を考慮した）．前者の解に現れた Ce^{kx} は方程式(5.20)の同次解であるから，前に述べたのと同様にこの差を無視すればどちらの方法を用いても，結果は同じである．

一般に x^n に対して演算子(5.27)の左辺を計算するときは部分積分を n 回も繰り返さなければならないので厄介であるが，右辺に対しては単なる微分演算を n 回行なえばよい（D のベキが n 次までを考慮すればよい）ので簡単である．

──**例題 2**──
つぎの微分方程式の一般解を求めよ．

$$\frac{d^2y}{dx^2}+\frac{dy}{dx}-2y = x \qquad (5.28)$$

[解] $d/dx=D$ とおくと，式(5.28)は

$$(D^2+D-2)y = x \qquad (5.29)$$

となる．$(D^2+D-2)=(D-1)(D+2)$ より，(5.28)で右辺を0とした同次方程式の一般解は，

$$y = C_1 e^x + C_2 e^{-2x}$$

で与えられる．つぎに，非同次方程式の特解を求める．

$$y = \frac{1}{D^2+D-2}x$$
$$= \frac{1}{(D-1)(D+2)}x \qquad (5.30)$$

より，(5.23)を用いて解くと，

$$y = \frac{1}{D-1}\cdot\frac{1}{D+2}x$$
$$= \frac{1}{D-1}e^{-2x}\int^x e^{2x}x\,dx$$
$$= \frac{1}{D-1}\left\{\frac{1}{2}\left(x-\frac{1}{2}\right)\right\}$$
$$= \frac{1}{2}\frac{1}{D-1}x-\frac{1}{4}\frac{1}{D-1}1$$
$$= \frac{1}{2}e^x\int^x e^{-x}x\,dx-\frac{1}{4}e^x\int^x e^{-x}dx$$
$$= -\frac{x}{2}-\frac{1}{4}$$

となる．また，式(5.27)の展開式を用いると

$$y = \frac{1}{(D-1)(D+2)}x$$
$$= \frac{1}{3}\left(\frac{1}{D-1}-\frac{1}{D+2}\right)x$$

$$= \frac{1}{3}\left\{-(1+D+D^2+\cdots)-\frac{1}{2}\left(1-\frac{D}{2}+\frac{D^2}{4}-\cdots\right)\right\}x$$
$$= -\frac{x}{2}-\frac{1}{4}$$

を得る.式(5.23),(5.27)のどちらを用いても同じ解を得る.結局微分方程式(5.28)の一般解は

$$y = C_1 e^x + C_2 e^{-2x} - \frac{x}{2} - \frac{1}{4} \tag{5.31}$$

で与えられる.ただし,C_1, C_2 は任意の定数である.

上で述べたことは n 階の線形非同次微分方程式

$$a_n \frac{d^n y}{dx^n} + a_{n-1}\frac{d^{n-1}y}{dx^{n-1}} + \cdots + a_1 \frac{dy}{dx} + a_0 y = f(x) \tag{5.32}$$

すなわち

$$\phi(D)y = f(x) \tag{5.33}$$

でも同様である.もし ϕ の逆演算子 $1/\phi(D)$ が定義できて

$$\frac{1}{\phi(D)}\{\phi(D)y(x)\} = y(x)$$

が成り立つならば,式(5.33)に左から $1/\phi(D)$ を掛けた

$$y = \frac{1}{\phi(D)} f(x) \tag{5.34}$$

は方程式(5.32)の特解を与える.

逆演算子の掛け算

微分演算子 $\phi(D)$ に対してその逆演算子 $1/\phi(D)$ が求まり,式(5.34)が計算できれば特解が求められる.以下ではこれを実行するための簡単な方針について述べていこう.

指数関数に対する微分演算はこれまでも何度か示した.まず,$De^{\lambda x}=\lambda e^{\lambda x}$ であるから,D の多項式についてはこれを繰り返し使って

$$(D-1)e^{\lambda x} = (\lambda-1)e^{\lambda x} \tag{5.35}$$

$$(D^2+D-2)e^{\lambda x} = (\lambda^2+\lambda-2)e^{\lambda x} \tag{5.36}$$

のような計算が,さらに一般に

$$\phi(D) = a_nD^n+a_{n-1}D^{n-1}+\cdots+a_1D+a_0$$

では

$$\phi(D)e^{\lambda x} = (a_n\lambda^n+a_{n-1}\lambda^{n-1}+\cdots+a_1\lambda+a_0)e^{\lambda x}$$
$$= \phi(\lambda)e^{\lambda x} \tag{5.37}$$

が成り立つ.これらの例から,逆演算子の計算規則を探ってみよう.

まず式(5.35)では,式(5.23)をあてはめて

$$\frac{1}{D-1}e^{\lambda x} = e^x\int^x e^{-x}e^{\lambda x}dx = e^x\int^x e^{(\lambda-1)x}dx = \frac{1}{\lambda-1}e^{\lambda x} \tag{5.38}$$

を得る(ただし $\lambda \neq 1$)が,これは式(5.35)の両辺を形式的に $(D-1)(\lambda-1)$ で割ったものと同じである.あるいは式(5.38)の左辺の分母にある D に λ を代入したものと同じであるといってもよい.このようにして

$$\frac{1}{D-a}e^{\lambda x} = \frac{1}{\lambda-a}e^{\lambda x} \tag{5.39}$$

が導かれた(ただし $\lambda \neq a$).また式(5.36)についても,式(5.38),(5.39)を繰り返し用いれば

$$\frac{1}{D^2+D-2}e^{\lambda x} = \frac{1}{D+2}\left(\frac{1}{D-1}e^{\lambda x}\right) = \frac{1}{(D+2)(\lambda-1)}e^{\lambda x}$$
$$= \frac{1}{(\lambda+2)(\lambda-1)}e^{\lambda x} = \frac{1}{\lambda^2+\lambda-2}e^{\lambda x}$$

を得る.一般の式(5.37)においても,両辺に $1/\phi(D)$ を掛け,$\phi(\lambda)$ で割ることにより

$$\frac{1}{\phi(D)}e^{\lambda x} = \frac{1}{\phi(\lambda)}e^{\lambda x} \tag{5.40}$$

が導かれる.

式(5.40)の指数関数に現れたパラメター λ を複素数の場合にも拡張し,オイラーの公式(4.18)を使うと

$$\frac{1}{D^2+a^2}\cos bx = \frac{1}{D^2+a^2}\left(\frac{e^{ibx}+e^{-ibx}}{2}\right)$$
$$= \frac{1}{2}\left(\frac{e^{ibx}}{(ib)^2+a^2}+\frac{e^{-ibx}}{(-ib)^2+a^2}\right) = \frac{1}{a^2-b^2}\cos bx \quad (5.41)$$

なども導かれる(ただし $|a|\neq|b|$ とした).

例題 3

単振動に外から周期的な力が加わった運動(強制振動)を表わす微分方程式は

$$m\frac{d^2}{dt^2}y+ky = f\cos\omega t \quad (5.42)$$

で与えられる.この方程式の特解を求めよ.

[解] $d/dt=D$, $\omega_0^2=k/m$ とおく.式(5.42)は,

$$(D^2+\omega_0^2)y = \frac{f}{m}\cos\omega t$$

と書き換えられる.$\omega_0\neq\omega$ のとき,この方程式の特解は(5.41)を用いて,

$$y = \frac{1}{D^2+\omega_0^2}\frac{f}{m}\cos\omega t = \frac{f}{m}\frac{1}{\omega_0^2-\omega^2}\cos\omega t \quad (5.43)$$

となる. ∎

ポイント 3 の定数変化法などによって解(5.43)を求めようとすると,かなり計算が面倒になるが,いまの方法では最終結果をただちに得ることができる.

積分演算子

微分演算子 D を用いると n 階の微分係数 $d^n y/dx^n$ は $D^n y$ のように微分の回数だけ D のベキを掛けたものとして表現された.またこれにより

$$Dy = f(x), \quad D^2y = f(x) \quad (5.44)$$

などの特解は

のように，形式的には $f(x)$ を D や D^2 で「割った」もので表わされた．

ところで $1/D$ は式(5.19)で定義したような不定積分を表わしており，上の表現は $(1/D)$ や $(1/D)^2$ を「掛けた」ものと考えてもよい．そこで今度は

$$\frac{1}{D}y \;\Rightarrow\; Iy = \int_0^x y(x)dx \tag{5.46}$$

のような演算子 I を考える．これは「積分をする」ことを意味するので**積分演算子**(integral operator)と呼ばれる．式(5.46)で定義した積分は下限が 0 と固定されていることに注意しよう．これにより式(5.45)は

$$y = If(x), \qquad y = I^2 f(x)$$

などと表わされる．

―― 例題 4 ――

つぎの微分方程式を積分演算子を用いて解け．

$$\frac{dy}{dx} = ky + f(x) \tag{5.47}$$

［解］ 式(5.47)に積分演算子 I を作用させると，左辺は積分がすぐ実行できるので

$$y - y(0) = I(ky + f)$$

すなわち

$$(1-Ik)y = y(0) + If \tag{5.48}$$

を得る．これは形式的には，つぎのように書くことができる．

$$y = \frac{1}{1-Ik}(y(0) + If) \tag{5.49}$$

微分演算子 D と積分演算子 I が互いに逆の作用をすることを考え，またこれらの演算子をふつうの数のように扱って，式(5.49)を書き直すと

$$y = \frac{1}{1-(k/D)}\left(y(0) + \frac{1}{D}f\right) = \frac{1}{D-k}f \tag{5.50}$$

となる(ここで分子・分母に D を掛け，$Dy(0)=0$ を用いた)．これは式

(5.22)と一致する.

　式(5.49)と(5.50)を比較すると，前者の解は初期値 $y(0)$ に依存しているという違いがある．この違いは，(5.19)の逆演算子 $1/D$ が不定積分で定義されているのに対し，(5.46)の積分演算子 I では，積分の下限を 0 にしていることによっている．その結果，積分演算子 I を用いた解法は，問題を解く過程で初期条件や境界条件を取り込んでいくことができるという利点を持っている．したがって，ある原因の影響と言ったような非定常的・過渡的な問題に適した方法である．これに対して微分演算子を用いた方法は初期値に依存しない，いわば定常的な問題に適した方法である．

ラプラス変換

　積分演算子としては，式(5.46)で定義した I の他にもいろいろ考えられる．その 1 つとして，次のような積分

$$\mathscr{L}\{y(x)\} \equiv \int_0^\infty y(x)e^{-sx}dx = Y(s) \tag{5.51}$$

を考えてみよう．もちろん積分は収束するものと仮定する．式(5.51)の最左辺の $\mathscr{L}$ という記号は，中辺のように e^{-sx} を掛けて $0 \leq x < \infty$ で積分することを示す演算子であり，$Y(s)$ はその積分の値である．積分を行なうもとの関数を y のように小文字で，その積分値を Y のように大文字で表わす．

　式(5.51)は定積分であるが，結果は s の関数になっている．このためにこれは積分とは言わずに変換という．x の関数を扱う問題が，s の関数を扱う問題に変わるのである．とくに式(5.51)は創始者ラプラス(P. S. M. de. Laplace)の名を冠して**ラプラス変換**(Laplace transform)と呼ぶ．積分(5.51)を用いると，たとえば

$$\mathscr{L}\{1\} = \int_0^\infty 1 e^{-sx}dx = \frac{1}{s} \quad (s>0) \tag{5.52}$$

$$\mathscr{L}\{e^{ax}\} = \int_0^\infty e^{-(s-a)x}dx = \frac{1}{s-a} \quad (s>a) \tag{5.53}$$

のように変換される．また，この積分では一般に $dy/dx \equiv y'$ の変換が

$$\mathcal{L}\{y'(x)\} \equiv \int_0^\infty y'(x)e^{-sx}dx$$

$$= \left[y(x)e^{-sx}\right]_0^\infty + s\int_0^\infty y(x)e^{-sx}dx$$

$$= s\mathcal{L}\{y(x)\} - y(0) = sY(s) - y(0) \qquad (5.54)$$

となる．初期値に依存する項 $y(0)$ を除けば，微分 y' のラプラス変換は y のラプラス変換 $Y(s)$ の s 倍になっている．また積分については

$$\mathcal{L}\left\{\int_0^x y(u)du\right\} = \int_0^\infty e^{-sx}\left(\int_0^x y(u)du\right)dx$$

$$= \left[-\frac{e^{-sx}}{s}\int_0^x y(u)du\right]_0^\infty + \frac{1}{s}\int_0^\infty y(x)e^{-sx}dx$$

$$= \frac{1}{s}Y(s) \qquad (5.55)$$

となり，積分したもののラプラス変換はラプラス変換 $Y(s)$ を s で割ったものになっている．

たとえば，

$$\frac{dy}{dx} = ky + f(x) \qquad (5.47)$$

にラプラス変換を施してみよう．式(5.54)を用いると

$$sY(s) - y(0) = kY(s) + F(s)$$

ただし，$F(s) = \mathcal{L}\{f(x)\}$ である．これを Y について解いて

$$Y(s) = \frac{1}{s-k}(y(0) + F(s)) \qquad (5.56)$$

を得る．

式(5.56)からもとの変数 $y(x)$ に戻すには，式(5.52)や(5.53)のようなラプラス変換の例をたくさん用意して表にしておき，それらを逆に対照してもとの関数 y を求めればよい．これを**ラプラス逆変換**(inverse Laplace transform)と呼び，$\mathcal{L}^{-1}$ と表わす．これにより

$$y(x) = \mathcal{L}^{-1}\{Y(s)\} = y(0)e^{kx} + \cdots \tag{5.57}$$

を得る．式(5.57)の最右辺の $y(0)\exp(kx)$ は式(5.47)の同次方程式の解の部分である．また $\cdots$ の部分は，$f(x)$ が与えられれば $F(s)$ が計算できるので，それにラプラス逆変換の表から答えを探せばよい．

例題 4

図5.1のような抵抗 R とコンデンサー C からなる回路(これを RC 回路という)を考えてみよう．図の v と書いたところに何らかの信号電圧がかかると，回路には電流 i が流れる．このときの電圧の関係式はキルヒホッフの第2法則と呼ばれ，

$$v = Ri + \frac{Q}{C} \quad \left(Q = \int_0^t i\,dt\right) \tag{5.58}$$

と表わされる．右辺第1項は抵抗の両端の電圧 $v_R \equiv Ri$ (これはオームの法則と呼ばれる)，第2項はコンデンサーにかかっている電圧 $v_C \equiv Q/C$ である(電流 i の積分は，それまでに流れ込んで来た電気の総量 Q に等しい)．この i に対する方程式を $t \leqq 0$ で $v(t) = 0$，$t > 0$ で $v(t) = V_0$ の条件のもとで解け．

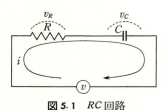

図5.1　RC 回路

[解]　式(5.58)にラプラス変換を施すと，(5.55)を考慮して

$$V(s) = RI(s) + \frac{1}{Cs}I(s) \tag{5.59}$$

を得る．ただし $V(s) = \mathcal{L}\{v(t)\}$，$I(s) = \mathcal{L}\{i(t)\}$ である．これから I について整理すると

$$I(s) = \frac{1}{R}\frac{s}{s + 1/(RC)}V(s) \tag{5.60}$$

となる．これをラプラス逆変換すれば電流 $i(t)$ が求まる．

　与えられている信号電圧に対する条件は，$t=0$ で急に一定の電圧 V_0 がかけられたことを意味する．すなわち v は図5.2(a) のように $t\leqq 0$ では 0，$t>0$ では一定値 V_0 になっている．これに対応して $V(s)=V_0/s$ となる．したがって，

$$I(s) = \frac{1}{R}\frac{1}{s+1/(RC)}V_0$$

これに式(5.53)を逆に用いて

$$i(t) = \frac{V_0}{R}\exp\{-t/(RC)\} \tag{5.61}$$

を得る．

　この例題から，抵抗およびコンデンサーの両端にかかる電圧 v_R および v_C は，それぞれ

$$v_R(t) = V_0 e^{-t/RC}, \qquad v_C(t) = V_0(1-e^{-t/RC}) \tag{5.62}$$

となる．

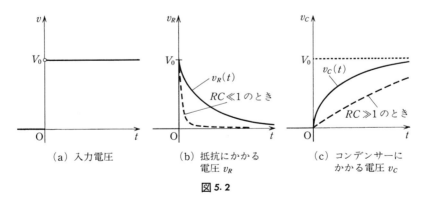

(a) 入力電圧　　　(b) 抵抗にかかる電圧 v_R　　　(c) コンデンサーにかかる電圧 v_C

図 5.2

　図5.2(b)は v_R を示したものである．入力信号が時間的に変化したときの影響が顕著に現れており，<u>微分回路</u>と呼ばれる．RC の値が小さければ，スイッチの入った瞬間だけ大きな値を持つようなパルス的な信号となる（図5.2(b)の破線）．これに対して図5.2(c)は v_C を示し，<u>積分回路</u>と呼ば

れる．RC の値が大きければ，スイッチの入った瞬間からほぼ時間に比例して増加する出力電圧が得られる(図5.2(c)の破線)．このように<u>ラプラス変換は初期状態に依存した遷移状態を調べる</u>のによく利用される．

ここで述べた解法はもとの方程式を直接解くのではなく，まず変換を行なった後にその方程式を解き，その解をふたたび逆変換してもとの方程式の解にたどりつくという方法をとっている．すこし回りくどいように思われるが，逆変換が見つかれば，それを利用して複雑な微分方程式(定数係数線形であれば高階の微分方程式であってもよい)を簡単に解くことができる．

ラプラス変換の辞書作り

ラプラス変換の例をいくつか調べてみよう．これらを表にしておくと，ちょうど英和と和英の辞書のようにそのどちら側からでも参照できて便利である．ここではいくつかの基本的な場合だけを考える．

式(5.53)で示した例

$$\mathscr{L}\{e^{ax}\} = \int_0^\infty e^{-(s-a)x} dx = \frac{1}{s-a} \tag{5.53}$$

から始めよう．まず，これをつぎつぎと a で微分すれば

$$\mathscr{L}\{xe^{ax}\} = \frac{1}{(s-a)^2}, \quad \mathscr{L}\{x^2 e^{ax}\} = \frac{2}{(s-a)^3}, \quad \cdots,$$

$$\mathscr{L}\{x^n e^{ax}\} = \frac{n!}{(s-a)^{n+1}} \tag{5.63}$$

また，上式で $a=0$ とおけば

$$\mathscr{L}\{1\} = \frac{1}{s}, \quad \mathscr{L}\{x\} = \frac{1}{s^2}, \quad \mathscr{L}\{x^2\} = \frac{2}{s^3}, \quad \cdots,$$

$$\mathscr{L}\{x^n\} = \frac{n!}{s^{n+1}} \tag{5.64}$$

などを得る．これらはもちろん定義式(5.51)から直接導いてもよい．

式(5.53)は a が複素数でも成り立つ．このとき

$$\mathscr{L}\{e^{i\omega x}\} = \frac{1}{s-i\omega}$$

となる．これとオイラーの公式(4.18)を組み合わせると

$$\mathscr{L}\{\cos \omega x\} = \mathscr{L}\left\{\frac{e^{i\omega x}+e^{-i\omega x}}{2}\right\} = \frac{1}{2}\left(\frac{1}{s-i\omega}+\frac{1}{s+i\omega}\right) = \frac{s}{s^2+\omega^2}$$
(5.65a)

$$\mathscr{L}\{\sin \omega x\} = \mathscr{L}\left\{\frac{e^{i\omega x}-e^{-i\omega x}}{2i}\right\} = \frac{1}{2i}\left(\frac{1}{s-i\omega}-\frac{1}{s+i\omega}\right) = \frac{\omega}{s^2+\omega^2}$$
(5.65b)

また，(5.65a)を ω で微分すると

$$\mathscr{L}\{x \sin \omega x\} = \frac{2\omega s}{(s^2+\omega^2)^2} \qquad (5.66)$$

を得る．このようなやり方でラプラス変換の表を完備していけばよい．

少し変わったものとして，ラプラス変換では**たたみこみ**(convolution)という演算を簡単に表わすことができる．たたみこみとはふつう $f*g$ と書かれ，

$$f*g = \int_0^x f(x-u)g(u)du \quad \text{または} \quad \int_0^x f(u)g(x-u)du \qquad (5.67)$$

で定義される積分である．このラプラス変換は

$$\mathscr{L}\{f*g\} = \int_0^\infty e^{-sx}\left(\int_0^x f(x-u)g(u)du\right)dx$$

である．積分の順序を変えて，はじめに x 積分を実行すると

$$与式 = \int_0^\infty g(u)\left(\int_u^\infty f(x-u)e^{-sx}dx\right)du$$

$$= \int_0^\infty g(u)\left(\int_u^\infty f(x-u)e^{-s(x-u)}dx\right)e^{-su}du$$

$$= \int_0^\infty g(u)e^{-su}\left(\int_0^\infty f(v)e^{-sv}dv\right)du$$

したがって，

$$\mathscr{L}\{f*g\} = F(s)G(s) \qquad (5.68)$$

となる．すなわち，たたみこみのラプラス変換は，f, g のラプラス変換 F, G の積になっているのである．

ラプラス変換の辞書を利用して,微分方程式の解を求める例を考えてみよう.

―― 例題5 ――

外力が $f(t)$ で与えられる強制振動の方程式は,つぎの式で表わされる.これを解け.

$$\frac{d^2y}{dt^2}+\omega^2 y = f(t) \tag{5.69}$$

ただし,$t=0$ で,$y(0)=y'(0)=0$ とする.

[解] この方程式の両辺にラプラス変換を施し,解を求めると

$$s^2 Y(s)+\omega^2 Y(s) = F(s) \quad (ただし F(s)=\mathscr{L}\{f(t)\})$$

すなわち

$$Y(s) = \frac{F(s)}{s^2+\omega^2} = \frac{1}{\omega}\frac{\omega}{s^2+\omega^2}F(s) = \frac{1}{\omega}\mathscr{L}\{\sin\omega t\}\mathscr{L}\{f(t)\}$$

となる.そこで式(5.68)を用いて逆変換すれば,

$$y(t) = \frac{1}{\omega}\int_0^t f(u)\sin(\omega(t-u))du \tag{5.70}$$

が得られる.

微分演算子やいろいろなタイプの積分演算子を用いて,微分を"ある数の掛け算"として表現し,ふつうの数のように扱って四則演算を行ない,最終結果まで計算したものをはじめの変数に戻す,というプロセスで解を得てきた.

この演算規則やラプラス変換の代表的なものをあらかじめ計算して一覧表にしておけば(誰かが一度作ってくれればよい!),多くの場合に答えが機械的に求められ,その都度面倒な計算をしなくてすむ.このような解法が**演算子法**(operational calculus)と総称されているものである.こんないい加減なやり方で正しい解が求まるのかと不安な人は,得られた解を微分してもとの微分方程式に代入してみればよい.

ポイント 6

x^n さえ微分できれば解がわかる

　ここではある点の近くの解を級数の形で求める方法を学ぶ．微分方程式というと，とかく個々の場合にあった特殊な方法によって「名人芸」的に解かれるような印象が強い．そこで，いろいろな規則を覚えるのについ夢中になってしまう．
　しかし，級数の形で解を求めるというのであれば，あとは方程式を満たすようにその係数をつぎつぎと機械的に決めていけばよい．この方法は必ずしも能率の良いものではないが，応用上よく現れる変数係数の微分方程式などにも適用できる点で非常に有用な方法である．

ベキ級数展開

ベキ級数とは

$$y = a_0 + a_1 x + a_2 x^2 + \cdots = \sum_{n=0}^{\infty} a_n x^n \qquad (6.1)$$

のような形に表わされているものをいう．また，与えられた関数をこの形で表現することを**ベキ級数展開**(power series expansion)という．そのためには，係数 $a_0, a_1, a_2, \cdots$ などの値を適切に決める必要がある．その係数を決める1つの方法が**テイラー展開**(Taylor's expansion)として知られているものである．

たとえば，関数 $y = \sin x$ が $x = 0$ 付近で式(6.1)のように展開されていたとすると，つぎの式

$$\sin x = a_0 + a_1 x + a_2 x^2 + a_3 x^3 + \cdots$$

の両辺が恒等的に等しくなければならない．まず $x = 0$ で等しくなければならないことから，$a_0 = 0$ が必要である．つぎに両辺を x で微分すると

$$\cos x = a_1 + 2a_2 x + 3a_3 x^2 + \cdots$$

となる．ふたたび両辺で $x = 0$ と置くと，上式が成り立つためには，$a_1 = 1$ としなければならないことがわかる．

同様にしてつぎつぎと両辺を微分して $x = 0$ と置くと $a_2 = a_4 = a_6 = \cdots = 0$, $a_3 = -1/3!$, $a_5 = 1/5!$, $\cdots$ を得る．このようにして $x = 0$ のまわりのベキ級数展開が得られる．

$$\sin x = x - \frac{x^3}{3!} + \frac{x^5}{5!} - \frac{x^7}{7!} + \cdots \qquad (6.2)$$

式(6.2)の右辺の項数を有限でとめたとき，どの程度これが左辺で与えられた関数の振舞いを正しく表わしているかを図6.1に示す．展開の項数が増えるほど，x の大きな値まで両者が一致していくことが，図から見てとれるであろう．

この展開のやり方は，一般の関数 $f(x)$ にも当てはめることができる．すなわち

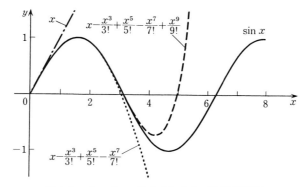

図6.1 $\sin x$ の $x=0$ のまわりのベキ級数展開

$$f(x) = a_0 + a_1 x + a_2 x^2 + a_3 x^3 + \cdots$$

と展開できたとして，両辺をつぎつぎと微分し，$x=0$ と置くことにより

$$f(0) = a_0, \quad f'(0) = a_1, \quad f''(0) = 2!a_2, \quad f'''(0) = 3!a_3, \quad \cdots$$

が順に得られ，したがって，

$$f(x) = f(0) + f'(0)x + \frac{f''(0)}{2!}x^2 + \frac{f'''(0)}{3!}x^3 + \cdots \tag{6.3}$$

となる．これがテイラー展開の一般的な表現である．これを $f(x)=\cos x$, $f(x)=e^x$ に当てはめると

$$\cos x = 1 - \frac{x^2}{2!} + \frac{x^4}{4!} - \frac{x^6}{6!} + \cdots \tag{6.4}$$

$$e^x = 1 + x + \frac{x^2}{2!} + \frac{x^3}{3!} + \frac{x^4}{4!} + \frac{x^5}{5!} + \cdots \tag{6.5}$$

などを機械的に導くことができる．

では $f(x)=1/x$ の $x=0$ のまわりの展開はどうであろうか．式(6.3)を用いて計算をしようとすると

$$f(0) = \left.\frac{1}{x}\right|_{x=0} = \pm\infty, \quad f'(0) = -\left.\frac{1}{x^2}\right|_{x=0} = -\infty, \quad \cdots$$

となって(中辺の添字 $x=0$ は縦棒の前にある関数の変数 x に 0 の値を代入することを意味する)，そこでの関数の値や微分係数が有限な値にならな

い．このような場合には，テイラー級数に展開することができない．このような点 $x=0$ はこの関数の**特異点** (singular point) と呼ばれる．

これに対して $\sin x$, $\cos x$, e^x の例で考えた点 $x=0$ のように，微分可能な点は**正則点** (regular point) または**通常点** (ordinary point) と呼ばれる．

念のために注意しておくが，$1/x$ はまったくテイラー展開ができないと言っているのではない．「$x=0$ においては展開ができない」と言っているのであって，他の点ではまた話が別である．

式(6.3)を拡張して，一般の点 $x=a$ のまわりのテイラー展開が

$$f(x) = f(a) + f'(a)(x-a) + \frac{f''(a)}{2!}(x-a)^2 + \cdots \qquad (6.6)$$

となることは，両辺をつぎつぎと微分して $x=a$ とおいていけば，前と同様にして確かめられる．この式(6.6)を用いると，$f(x)=1/x$ の場合には

$$f(a) = \frac{1}{a}, \quad f'(a) = -\frac{1}{a^2}, \quad f''(a) = \frac{2}{a^3}, \quad \cdots$$

は $a \neq 0$ において確定値を持つから

$$f(x) \equiv \frac{1}{x} = \frac{1}{a} - \frac{1}{a^2}(x-a) + \frac{1}{a^3}(x-a)^2 + \cdots \qquad (6.7)$$

となる．要するに，<u>ベキ級数展開は特異点になっていない点の近くであればいつでも可能なのである</u>．

ベキ級数で表わされる解

x^n の微分ができれば，関数の展開だけでなく微分方程式の解も求められるということを，簡単な例で見てみよう．これまでもたびたび用いたマルサスの「人口増加の法則」を表わす微分方程式

$$\frac{dy}{dx} = y \qquad (6.8)$$

の解を

$$y = a_0 + a_1 x + a_2 x^2 + \cdots = \sum_{n=0}^{\infty} a_n x^n \qquad (6.1)$$

の級数の形で求める．初期条件は $y(0)=1$ とする．展開係数 a_n は式(6.1)が(6.8)を満たすように決めていけばよい．まず式(6.1)を微分する．本来は無限個の和をとったものを微分するのであるが，これが各項ごとに微分したものの和に等しいと仮定する．

$$\frac{dy}{dx} = a_1 + 2a_2 x + 3a_3 x^2 + \cdots = \sum_{n=1}^{\infty} n a_n x^{n-1}$$

$$= \sum_{m=0}^{\infty} (m+1) a_{m+1} x^m = \sum_{n=0}^{\infty} (n+1) a_{n+1} x^n \qquad (6.9)$$

1行目から2行目へは $m=n-1$ と置いて番号の付け替えを行ない，最後の式ではふたたび m を n と書き換えた．式(6.1)や(6.9)は全体として同じ級数を表わしていればよいから，それぞれの辺の中で使う文字(m や n など)は，その辺の中でそろってさえいれば何でもよい．

さて，微分方程式(6.8)が成り立つためには，式(6.1)と(6.9)に現れた x のどのベキについてもその係数が等しくなっていなければならない．そこで x^n のベキの係数を比較すると，

$$a_n = (n+1) a_{n+1}, \quad \text{すなわち} \quad a_{n+1} = \frac{1}{n+1} a_n \qquad (n=0, 1, 2, \cdots)$$

を得る．上式のように n の異なる係数(ここでは a_{n+1} と a_n)の間の関係式を**漸化式**(recurrence formula)という．これから

$$a_1 = a_0, \quad a_2 = \frac{1}{2} a_1 = \frac{1}{2!} a_0, \quad a_3 = \frac{1}{3} a_2 = \frac{1}{3!} a_0, \quad \cdots$$

一般に

$$a_k = \frac{1}{k!} a_0 \qquad (k=1, 2, 3, \cdots) \qquad (6.10)$$

を得る．したがって，式(6.8)の解は

$$y = a_0 \left(1 + x + \frac{1}{2!} x^2 + \frac{1}{3!} x^3 + \cdots \right) = a_0 \sum_{n=0}^{\infty} \frac{1}{n!} x^n \qquad (6.11)$$

と表わせる．未定の係数 a_0 が1つ残ったのは，もとの方程式が1階の微分方程式であり，積分によって1つの積分定数が現れることとつじつまが合う．この定数は初期条件 $y(0)=1$ から決まり，$a_0=1$ となる．

式(6.11)はベキ級数解と呼ばれている．右辺の無限級数は e^x の $x=0$ のまわりのテイラー展開(6.5)と同じであるから，結果はもっと簡潔に表示することができて

$$y = a_0 e^x \tag{6.12}$$

となる．

もっとも，もしこれに気がつかなくても落胆することはない．微分方程式を解いたのちに，ある点 x での y の値を知るには式(6.11)を計算するか，あるいは式(6.12)で定義された関数 e^x の値を表から探すようなことをするわけで，大した差ではない．

さて，このようにして微分方程式の解が得られたわけであるが，ベキ級数展開というものが実際に利用できるのは，加えていく項の大きさが次々と小さくなっていき，それらが前の方で計算したものに次第に影響を与えなくなっていくような場合に限られる．

したがって，結果が式(6.11)のようにベキ級数の形に書かれているときは，慎重を期してその収束性を確認する必要があろう．もっとも，この問題に神経質になり過ぎてベキ級数解が面倒だと敬遠するくらいなら，さしあたってはこれ以上深入りしない方がよい．あとで解の振舞いに不審な点が出てきたら，この問題に立ち返ってみればよいのである．

級数が収束するとは

級数が収束するとはどのようなことであろうか．まず，もっとも簡単な例として公比 r の等比級数 S_∞

$$S_\infty = 1 + r + r^2 + r^3 + \cdots \tag{6.13}$$

を考えてみよう．もし $r=0.1$ とすると，この級数は

$$1 + 0.1 + 0.01 + 0.001 + \cdots = 1.1111\cdots = 10/9$$

に収束する．加えていく項が次第に小さくなっていけば級数は収束するような気がするが，これだけで収束すると判断してはいけない．これをきちんと言うにはつぎのようにする．

まずいきなり無限個の和を考えるのは難しいので，級数のはじめの n 項

の和 S_n を
$$S_n = 1+r+r^2+r^3+\cdots+r^n$$
とおく．級数(6.13)がある値 S に収束するとは，$n\to\infty$ のときに $S_n\to S$ となることを意味している．そこで S_n とこれを r 倍した rS_n の差を考え
$$S_n - rS_n = (1+r+r^2+r^3+\cdots+r^n)-(r+r^2+r^3+\cdots+r^n+r^{n+1})$$
$$= 1-r^{n+1}$$
$$\therefore \quad S_n = \frac{1-r^{n+1}}{1-r} \qquad (ただし，r\neq 1)$$
を得る．上の式は有限個の和で，どのような r の値に対しても成り立つ（$r=1$ のときは $S_n=n$ となるから別に計算しておけばよい）．しかし，$n\to\infty$ とすると，もし $|r|>1$ であれば分子の r^{n+1} は無限大となるから級数は発散してしまう．これに対して，$|r|<1$ であれば分子の r^{n+1} は 0 に近づくから
$$S_\infty = \frac{1}{1-r} \qquad (6.14)$$
となる．$r=1$ では $n\to\infty$ のとき，$S_n=n\to\infty$ となるのでやはり発散する．また $r=-1$ では
$$S_\infty = 1-1+1-1+\cdots = 1 \quad または \quad 0$$
となって確定しない．結局，この<u>無限級数(6.13)は公比 r が $|r|<1$ のときに限って収束する</u>．

一般のベキ級数では，どのようなものが公比に相当するだろうか．一般のベキ級数解の場合の公比に相当するもの(隣りあう2項の比)は
$$r_n \equiv \frac{a_{n+1}x^{n+1}}{a_n x^n} = \frac{a_{n+1}x}{a_n}$$
であり，n にも x にも依存する(等比級数の場合，隣りあう2項の比は一定値であった)．しかし，等比級数と同様 $|r_n|$ が1より小さければ収束するはずである．もっともこの条件はすべての n に対して必要というわけではない．たとえば，ベキ級数
$$S(x) = 1+10x+100x^2+10x^3+x^4+\frac{1}{10}x^5+\frac{1}{100}x^6+\cdots$$

では，はじめの3項までは $r_n=10x$, 4項以降では $r_n=x/10$ となっている．したがって，r_n の大きさが1より小さいという条件を当てはめると，前者から $|x|<1/10$, 後者からは $|x|<10$ となり，どの項で見るかによって条件が異なる．しかし有限項までの和はたとえ項数がもっと多くても素性がわかっているから，無限級数で問題となるのは後者の方だけである．いまの例では

$$S(x) = 1+10x+100x^2\left(1+\frac{1}{10}x+\frac{1}{100}x^2+\frac{1}{1000}x^3+\cdots\right)$$

$$= 1+10x+100x^2\frac{1}{1-(x/10)} = 1+10x+\frac{1000x^2}{10-x}$$

が $|x|<10$ で成立するのであって，はじめの $1+10x$ の部分は収束性の議論には影響しない．たとえば $x=1(>1/10)$ とおいてみれば S が $122.111\cdots$ に収束することはすぐ確かめられるであろう．

このように，通常 $|a_{n+1}/a_n|$ ははじめの数項のうちは変動が大きくても，ある程度大きな n に対してその比が確定して（すなわち $|a_{n+1}/a_n|$ が一定の値 c に近づいて）くると $|r_n|\to c|x|(n\to\infty)$ となり，これが1より小さい x の範囲内

$$|x|<\frac{1}{c}, \quad \text{ただし} \quad c=\lim_{n\to\infty}\left|\frac{a_{n+1}}{a_n}\right| \tag{6.15}$$

でベキ級数は収束すると考えてよい．式(6.8)の例では

$$\left|\frac{a_{n+1}}{a_n}\right| = \frac{1}{n+1} \to 0 \quad (n\to\infty)$$

であるから $c=0$. したがって，すべての実数 x に対してベキ級数が収束することになる．

例題1

単振動を表わす微分方程式

$$\frac{d^2y}{dx^2} = -\omega^2 y \tag{6.16}$$

の一般解をベキ級数展開により求めよ．

[解] まず
$$y = \sum_{n=0}^{\infty} a_n x^n$$

$$\frac{d^2y}{dx^2} = \sum_{n=2}^{\infty} n(n-1)a_n x^{n-2} = \sum_{m=0}^{\infty} (m+2)(m+1)a_{m+2} x^m$$

を式(6.16)に代入し，x^n の係数を比較して

$$a_{n+2} = -\frac{\omega^2}{(n+2)(n+1)} a_n \tag{6.17}$$

を得る．これは係数が1つおきに決まる漸化式なので，a_0 と a_1 を与え，偶数項と奇数項をべつべつに計算して解を求める．

（i） 偶数項からなる解

$$a_2 = -\frac{\omega^2}{2 \cdot 1} a_0, \quad a_4 = -\frac{\omega^2}{4 \cdot 3} a_2 = \frac{\omega^4}{4 \cdot 3 \cdot 2 \cdot 1} a_0, \quad \cdots$$

一般に

$$a_{2n} = \frac{(-1)^n \omega^{2n}}{(2n)!} a_0$$

したがって

$$y = a_0 \left(1 - \frac{\omega^2 x^2}{2!} + \frac{\omega^4 x^4}{4!} - \frac{\omega^6 x^6}{6!} + \cdots \right)$$
$$= a_0 \cos \omega x \tag{6.18}$$

となる．

（ii） 奇数項からなる解

$$a_3 = -\frac{\omega^2}{3 \cdot 2} a_1, \quad a_5 = -\frac{\omega^2}{5 \cdot 4} a_3 = \frac{\omega^4}{5 \cdot 4 \cdot 3 \cdot 2} a_1, \quad \cdots$$

一般に

$$a_{2n+1} = \frac{(-1)^n \omega^{2n}}{(2n+1)!} a_1$$

したがって

$$y = \frac{a_1}{\omega} \left(\omega x - \frac{\omega^3 x^3}{3!} + \frac{\omega^5 x^5}{5!} - \frac{\omega^7 x^7}{7!} + \cdots \right)$$
$$= (a_1/\omega) \sin \omega x \tag{6.19}$$

となる．式(6.18)と(6.19)を加えた

$$y = a_0 \cos \omega x + \frac{a_1}{\omega} \sin \omega x$$

が解である．この解は2つの任意定数を含んでいるので一般解である． ∎

決定方程式

級数解を求めるための展開は，必ずしも式(6.1)のように定数項 a_0 から始まっているとは限らない．実際，例題1では一方は x の0次から，他方は x の1次から始まっていた．

そこで x の最低次のベキが何次になっているかをはっきりさせるために，展開(6.1)の代わりに

$$y = x^\lambda \sum_{n=0}^{\infty} b_n x^n = b_0 x^\lambda + b_1 x^{\lambda+1} + \cdots \quad (b_0 \neq 0) \quad (6.20)$$

と書く．こうしておいて微分方程式を満たすように λ を決定してやれば，λ の値から最低次のベキの値がわかる．

ふたたび例題1でこれを見てみよう．まず

$$y = \sum_{n=0}^{\infty} b_n x^{n+\lambda}$$

$$\frac{d^2 y}{dx^2} = \sum_{n=0}^{\infty} (n+\lambda)(n+\lambda-1) b_n x^{n+\lambda-2}$$

を式(6.16)に代入し，x のベキでまとめると

$$b_0 \lambda(\lambda-1) x^{\lambda-2} + b_1 \lambda(\lambda+1) x^{\lambda-1}$$
$$+ \sum_{n=0}^{\infty} \{(n+\lambda+2)(n+\lambda+1) b_{n+2} + \omega^2 b_n\} x^{n+\lambda} = 0$$

となる．x のどのベキについても上式が成り立つためには

$$b_0 \lambda(\lambda-1) = 0 \qquad (6.21a)$$
$$b_1 \lambda(\lambda+1) = 0 \qquad (6.21b)$$
$$(n+\lambda+2)(n+\lambda+1) b_{n+2} + \omega^2 b_n = 0 \qquad (6.21c)$$

でなければならない．仮定により $b_0 \neq 0$ であるから，式(6.21a)を満たすためには $\lambda=0$ または1でなければならない．また式(6.21b)は $b_1=0$ とす

れば満たされる．そこで2つの場合に分けて考える．

（ⅰ）$\lambda=0$ のとき

級数は x^0 から始まり，$b_0, b_2, b_4, \cdots$ は漸化式(6.21c)で $\lambda=0$ とした

$$b_{n+2} = -\frac{\omega^2}{(n+2)(n+1)}b_n \qquad (6.22\mathrm{a})$$

から決まる．$b_1=0$ と決めたので奇数番目の項は $b_{2n+1}=0\,(n=0,1,2,\cdots)$ である．この級数は式(6.18)と同じもの(定数 a_0 や b_0 は解全体に掛かっている任意の定数であるから，解としては同じもの)である．したがって，この場合の解は $y=b_0\cos\omega x$ となる．また

（ⅱ）$\lambda=1$ のとき

級数は x^1 から始まり，$b_0, b_2, b_4, \cdots$ は漸化式(6.21c)で $\lambda=1$ とした

$$b_{n+2} = -\frac{\omega^2}{(n+3)(n+2)}b_n \qquad (6.22\mathrm{b})$$

から決まる((ⅰ)と同様に奇数次の項は $b_{2n+1}=0, n=0,1,2,\cdots$)．この級数は式(6.19)と同じものである．したがって，この場合の解は $y=(b_0/\omega)\sin\omega x$ となる．一般解はこうして得られた2つの解を加えたものになっているのである．

上の取り扱いでは $b_1=0$ と仮定をして話を進めたが，$b_1\ne 0$ としたらどうなるのであろうか．このようにしても $\lambda=0$ のときには式(6.21b)は満たされ，式(6.21c)から $b_3, b_5, \cdots$ がつぎつぎと決定されていく．しかし，この級数は漸化式(6.22a)と一致し，新しい解が現れることはない．これに対して $\lambda=1$ のときは式(6.21b)から $b_1=0$ しか許されないので $b_1\ne 0$ と矛盾してしまう．

式(6.21a)のように x の最低次のベキを決める方程式を**決定方程式**または**指数方程式**(indicial equation)，この代数方程式の根を**指数**(index)と呼ぶ．

ベキ級数解はいつでも求められるか

これまでわれわれはいつもベキ級数解を念頭に置いて話を進めてきた．

しかし，もし λ が 0 または正の整数でなければ，級数(6.20)はベキ級数ではなくなる．そこで以下では，このような場合も含めて級数による解というものを一般的に考えていこう．

まず2つの例題を考えることにする．

例題2

つぎの微分方程式の $x=0$ のまわりの級数解を求めよ．
$$\frac{dy}{dx} = x^2 y \qquad (6.23)$$

[解] 前と同様に
$$y = \sum_{n=0}^{\infty} b_n x^{n+\lambda} \qquad (b_0 \neq 0) \qquad (6.20)$$

のような級数解を仮定する．

式(6.23)に展開式(6.20)を代入すると，
$$\sum_{n=0}^{\infty}(n+\lambda)b_n x^{n+\lambda-1} = \sum_{n=0}^{\infty} b_n x^{n+\lambda+2}$$

となる．上式の左辺は
$$\lambda b_0 x^{\lambda-1} + (\lambda+1)b_1 x^{\lambda} + (\lambda+2)b_2 x^{\lambda+1} + \sum_{n=0}^{\infty}(\lambda+n+3)b_{n+3} x^{n+\lambda+2}$$

と書けるから，
$$\lambda = 0, \qquad b_1 = b_2 = 0, \qquad (n+3)b_{n+3} = b_n$$

のように，係数が決定される．これはベキ級数解である．答えは
$$y = b_0 \left(1 + \frac{x^3}{3} + \frac{x^6}{3^2 2!} + \frac{x^9}{3^3 3!} + \frac{x^{12}}{3^4 4!} + \cdots \right) = b_0 \exp\left(\frac{x^3}{3}\right) \qquad (6.24)$$

となる．

例題3

つぎの微分方程式の $x=0$ のまわりの級数解を求めよ．
$$\frac{dy}{dx} = \frac{y}{x^2} \qquad (6.25)$$

[解] こんども前と同様に級数(6.20)の形に解を仮定し，式(6.25)に代入すると

$$\sum_{n=0}^{\infty}(n+\lambda)b_n x^{n+\lambda-1} = \sum_{n=0}^{\infty}b_n x^{n+\lambda-2}$$

となる．上式の右辺は

$$b_0 x^{\lambda-2} + \sum_{n=0}^{\infty}b_{n+1}x^{n+\lambda-1}$$

であるから，x のそれぞれのベキの係数を等しくするためには

$$b_0 = 0, \quad b_{n+1} = (n+\lambda)b_n$$

と選ばなければならない．しかし仮定により $b_0 \neq 0$ であるから，このようなことは不可能である．すなわち，(6.20)の形の級数解は存在しない．∎

例題2では級数解が得られ，例題3では得られなかった．これはどういう理由によるのかを見てみよう．式(6.25)を

$$\frac{1}{y}\frac{dy}{dx} = \frac{1}{x^2}$$

と変形したのち，両辺を x で積分すると

$$\log y = C - \frac{1}{x}$$

$$\therefore \quad y = A\exp\left(-\frac{1}{x}\right) \tag{6.26}$$

という解が得られる ($C, A=e^C$ は積分定数)．この指数関数の指数 $(-1/x)$ は，

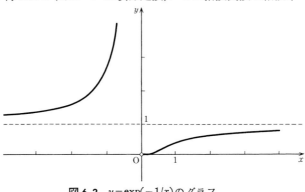

図 6.2 $y=\exp(-1/x)$ のグラフ

x が負の側から 0 に近づくと $+\infty$ に,また正の側から 0 に近づくと $-\infty$ となるので $x=0$ のまわりで不連続になっている.その結果 y の $x=0$ 付近の振舞いは図 6.2 に示したものになる.微分係数が確定しないために $x=0$ のまわりのベキ級数展開がうまくいかなかったのである.

いままでの結果を一般化して微分方程式

$$\frac{dy}{dx} = x^n y \tag{6.27}$$

について考えてみよう.前と同様に,級数解(6.20)

$$y = b_0 x^\lambda + b_1 x^{\lambda+1} + b_2 x^{\lambda+2} + \cdots \quad (b_0 \neq 0)$$

を式(6.27)に代入する.(6.27)の左辺と右辺はそれぞれ

$$\frac{dy}{dx} = b_0 \lambda x^{\lambda-1} + b_1(\lambda+1)x^\lambda + b_2(\lambda+2)x^{\lambda+1} + \cdots$$

$$x^n y = b_0 x^{\lambda+n} + b_1 x^{\lambda+n+1} + b_2 x^{\lambda+n+2} + \cdots$$

となる.x の次数を比較したものを模式的に示すと図 6.3 のようになる.横軸は x の次数を表わし,それぞれの項の x のベキはカゲをつけた部分に存在している.

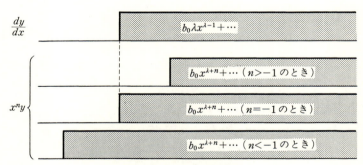

図 6.3　x の最低次の競争

式(6.27)の左右両辺の各項の釣り合いを考えよう.まず,$n>-1$ のときは dy/dx の第 1 項の $b_0 \lambda x^{\lambda-1}$ が最低次になって突出してしまう.これと釣り合う項が他にないので $b_0 \lambda = 0$ でなければならないが,仮定により $b_0 \neq 0$ であるから $\lambda = 0$ と決めればよい.

さらに第2項以下では，例題2で見たのと同様に，xの同じベキが現れるまで$b_1=b_2=\cdots=0$とおいていけばよい．いずれにしても（ベキ）級数解が求められる．

これに対して$n<-1$の場合には$x^n y$の第1項の$b_0 x^{\lambda+n}$が最低次になり，これと釣り合う項がない．したがって，$b_0=0$でなければならないが，これは$b_0\neq 0$という仮定と矛盾するので級数解が求められないのである．例題3もこの場合になっていた．

これらの境目になっている$n=-1$の場合には両者の第1項がともに同じベキ$x^{\lambda-1}$であり，$\lambda=1$とすれば初項どうしが等しくなる．第2項以下も同様に比較して，$b_1=b_2=\cdots=0$を得る．結局$n=-1$の場合の解は，ただ1項だけからなり

$$y = b_0 x$$

となる．これはベキ級数解の特別な場合と考えておけばよい．

このように式(6.27)の型の微分方程式の$x=0$のまわりの級数展開は$n\geqq -1$に限りうまくいくということになる．

すこし見方を変えてこの事情を考えてみよう．yをxで微分するとxについてはベキが1つ下がり，またyをxで割ってもxのベキは1つ下がる．したがって，dy/dxとy/xは$x=0$の近くで同程度の速さで変化する．したがって両者の比

$$\frac{dy}{dx} \Big/ \frac{y}{x} = x^{n+1}$$

が$x=0$付近で有限（0であってもよい）であれば，これらの項は微分方程式の中で競争ができる．これは$n+1\geqq 0$，すなわち$n\geqq -1$という条件に外ならない．結局のところ式(6.27)において，$n=-1$とした

$$\frac{dy}{dx} = \frac{y}{x} \qquad (6.28)$$

が，級数展開のできる限界ということになる．

2階以上の微分方程式についても同様である．式(6.28)の両辺をxで微分すると

$$\frac{d^2y}{dx^2} = \frac{1}{x}\frac{dy}{dx} - \frac{1}{x^2}y$$

となる．したがって

$$\frac{d^2y}{dx^2}, \quad \frac{1}{x}\frac{dy}{dx}, \quad \frac{1}{x^2}y \tag{6.29}$$

が $x=0$ のまわりの振舞いとして同程度の変化を示し，微分方程式の中で各項が競争するときの限界を与えていると想像される．つぎの例題で確認しよう．

例題 4

つぎの 2 つの微分方程式の $x=0$ のまわりの級数解を求めよ．

$$\frac{d^2y}{dx^2} - \frac{2}{x^2}y = 0 \tag{6.30a}$$

$$\frac{d^2y}{dx^2} - \frac{2}{x^3}y = 0 \tag{6.30b}$$

[**解**] まず，式(6.30a)に展開式(6.20)を代入する．

$$\sum_{n=0}^{\infty}\{(n+\lambda)(n+\lambda-1)-2\}b_n x^{n+\lambda-2} = 0 \tag{6.31}$$

決定方程式は，上式の b_0 の係数から

$$\lambda(\lambda-1)-2 = (\lambda+1)(\lambda-2) = 0$$

である．したがって，$\lambda=-1$ または 2 となる．また $n \geq 1$ で $b_n=0$ とすれば，式(6.31)はすべて満たされる．すなわち，$b_0 x^{-1}$ と $b_0 x^2$ が 2 つの級数解である．以上より微分方程式(6.30a)の一般解は

$$y = \frac{C_1}{x} + C_2 x^2 \tag{6.32}$$

となる（C_1, C_2 は任意の定数）．これは 1 項だけから成る 2 つの級数の 1 次結合で表わされている．

これに対して式(6.30b)はどうであろうか．前の例と同様に式(6.20)を代入すると

$$\sum_{n=0}^{\infty}(n+\lambda)(n+\lambda-1)b_n x^{n+\lambda-2} - 2\sum_{n=0}^{\infty}b_n x^{n+\lambda-3} = 0$$

すなわち

$$-2b_0 x^{\lambda-3} + \sum_{n=0}^{\infty}\{(n+\lambda)(n+\lambda-1)b_n - 2b_{n+1}\}x^{n+\lambda-2} = 0 \quad (6.33)$$

となる．仮定により $b_0 \neq 0$ であるから，上式は成り立たない．したがって，式(6.20)のような形の解は存在しないことになる．

この例題4の結果から，$x=0$ のまわりの級数解が得られるか否かは式(6.30)において，y の前の x のベキが $1/x^2$ か $1/x^3$ かが決定的であったことがわかる．

さて，微分方程式(6.30b)の $x=\infty$ の点のまわりの級数解を考えてみよう．この結果から，なぜ $x=0$ のまわりの級数解が存在しないかがわかる．まず変換 $u=1/x$ によって変数を x から u に変え

$$\frac{d}{dx} = \frac{du}{dx}\frac{d}{du} = -\frac{1}{x^2}\frac{d}{du} = -u^2\frac{d}{du}, \quad \frac{d^2}{dx^2} = u^2\frac{d}{du}\left(u^2\frac{d}{du}\right)$$

とする．式(6.30b)から

$$\frac{d^2y}{du^2} + \frac{2}{u}\frac{dy}{du} - \frac{2}{u}y = 0$$

を得る．$u=0$ が $x=\infty$ に対応している．そこで $y=\sum_{n=0}^{\infty}c_n u^{n+\lambda}$ $(c_0 \neq 0)$ と置いて上式に代入すると

$$c_0\lambda(\lambda+1)u^{\lambda-2} + \sum_{n=0}^{\infty}\{c_{n+1}(n+\lambda+1)(n+\lambda+2) - 2c_n\}u^{n+\lambda-1} = 0$$

となる．これより $\lambda=0$ または -1 となり，$\lambda=0$ に対しては

$$c_{n+1} = \frac{2}{(n+1)(n+2)}c_n$$

を得る．係数 $c_1, c_2, \cdots$ がつぎつぎと決まっていくから u の(ベキ)級数解は存在し

$$y = c_0\left(1 + \frac{2}{1\cdot 2}u + \frac{2^2}{1\cdot 2^2\cdot 3}u^2 + \frac{2^3}{1\cdot 2^2\cdot 3^2\cdot 4}u^3 + \cdots\right)$$

と書ける．これは，$u=0$ すなわち $x=\infty$ のまわりの級数解である．上式をもとの変数 x に戻してみると

$$y = c_0\left(1 + \frac{2}{1\cdot 2}\frac{1}{x} + \frac{2^2}{1\cdot 2^2\cdot 3}\frac{1}{x^2} + \frac{2^3}{1\cdot 2^2\cdot 3^2\cdot 4}\frac{1}{x^3} + \cdots\right) \quad (6.34)$$

のような無限項からなる x の逆ベキの展開になっている．したがって，例題3と同様，$x=0$ のまわりの展開がうまくいかないのである．

級数解が求められる条件

比較的簡単な例で，2階微分方程式が $x=0$ のまわりの級数解をもつ条件を見てきた．一般の2階変数係数微分方程式においても，方程式中のどの項が $x\to 0$ のときに支配的になるかを考察することにより，級数解の求められる条件が明らかになる．微分方程式

$$\frac{d^2y}{dx^2} + P(x)\frac{dy}{dx} + Q(x)y = 0 \quad (6.35)$$

を考えよう．ただし，P,Q は x の関数である．$x=0$ の近くでの $P(x)$ と $Q(x)$ の振舞いが

$$P(x) = p_m x^m + p_{m+1} x^{m+1} + \cdots \quad (6.36a)$$
$$Q(x) = q_n x^n + q_{n+1} x^{n+1} + \cdots \quad (6.36b)$$

であり，また

$$y = b_0 x^\lambda + b_1 x^{\lambda+1} + b_2 x^{\lambda+2} + \cdots \quad (b_0 \neq 0)$$

のように級数に展開できたとする．y'', Py', Qy の各項の x の次数の比較を図6.4に示す．

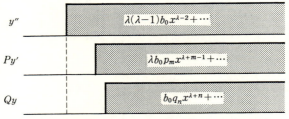

図6.4 x の最低次の競争——2階の微分方程式の場合

1階のときと同様に y'' のベキよりも Py' や Qy のベキが低い次数の方に突出してしまうと級数解が求められない．Py' と Qy の最低次が突出して

もそれらが互いに打ち消しあっていればよいように思うかもしれないが，このときは λ の値が1つだけしか決まらないので都合が悪い．なぜなら2階の微分方程式では2つの解を決めなければならないからである．

したがって，Py' や Qy の最低次の x の次数が y'' の最低次の x の次数 $(\lambda-2)$ より高いとき，すなわち

$$\lambda+m-1 \geqq \lambda-2$$
$$\lambda+n \geqq \lambda-2$$
$$\therefore \quad m \geqq -1, \quad n \geqq -2 \qquad (6.37)$$

のときに限って，$x=0$ のまわりの級数解が求められるのである．

以上をまとめると，$x=0$ の近くでの $P(x)$ と $Q(x)$ の振舞いがたかだか

$$P(x) = \frac{p_{-1}}{x} + p_0 + p_1 x + \cdots \qquad (6.38\mathrm{a})$$

$$Q(x) = \frac{q_{-2}}{x^2} + \frac{q_{-1}}{x} + q_0 + q_1 x + \cdots \qquad (6.38\mathrm{b})$$

の程度であるとき，言い換えれば，<u>$x \to 0$ のとき $xP(x)$ と $x^2Q(x)$ が有限で決まった値を持つときに限って級数解が存在する</u>．式(6.38a, b)では $xP(x) \to p_{-1}$，$x^2Q(x) \to q_{-2}$ になっている．

いまの場合には $x=0$ が特異点(テイラー展開のところで述べたのと同様に，$P(x)$ や $Q(x)$ が有限でなかったり，決まった値をとらなかったりするような点を微分方程式の特異点と呼ぶ)になっていたにもかかわらずそのまわりの級数解が確定できるので，このような特異点を**確定特異点**(regular singular point)と呼ぶ．もし係数 $p_{-1}=q_{-2}=q_{-1}=0$ であれば $x=0$ は特異点ではなくなる．この場合に $x=0$ を正則点または通常点と呼ぶのは前と同様である．

さて級数展開(6.20)および $P(x), Q(x)$ の表式(6.38)を(6.35)に代入すれば

$$\underline{b_0 \lambda(\lambda-1)x^{\lambda-2}} + b_1(\lambda+1)\lambda x^{\lambda-1} + \cdots$$

$$+\left(\frac{p_{-1}}{x}+p_0+\cdots\right)\{\underline{b_0\lambda x^{\lambda-1}}+b_1(\lambda+1)x^\lambda+\cdots\}$$

$$+\left(\frac{q_{-2}}{x^2}+\frac{q_{-1}}{x}+q_0+\cdots\right)(\underline{b_0 x^\lambda}+b_1 x^{\lambda+1}+\cdots) = 0$$

となり，x の最低次 $x^{\lambda-2}$ のベキの係数を 0 と置いて，決定方程式

$$\lambda(\lambda-1)+\lambda p_{-1}+q_{-2} = 0 \tag{6.39}$$

を得る．式(6.39)は複素数の範囲内で2根 λ_1, λ_2 を持つ．そしていずれか1つの根 $\lambda(=\lambda_1)$ に対して，つぎの $x^{\lambda-1}$ の係数の関係

$$b_0(\lambda p_0+q_{-1})+b_1\{\lambda(\lambda+1)+(\lambda+1)p_{-1}+q_{-2}\} = 0 \tag{6.40}$$

から，b_1 が b_0 を用いて求まる．また同様に x^λ の係数から b_2 が，という具合に係数 $b_3, b_4, \cdots$ がつぎつぎに決定され級数解が求まって行く．もう1つの指数 λ_2 についても同様なので，結局2種類の級数解が決まる．

解の独立性

2階の常微分方程式の一般解は2つの独立な解の線形結合で表わされている．実際，例題1では $\lambda=0, 1$ に対応して2つの独立な級数解が，また，例題4の微分方程式(6.30a)では $\lambda=-1, 2$ に対応して1項だけから成る2つの級数が求められた．

それでは，決定方程式から決まる2つの λ の値を用いれば，いつでもこのような独立な解が求められるのか．これについてつぎの例をもとに検討してみよう．

例題5

ベッセルの方程式と呼ばれているつぎの微分方程式

$$\frac{d^2y}{dx^2}+\frac{1}{x}\frac{dy}{dx}+\left(1-\frac{n^2}{x^2}\right)y = 0 \tag{6.41}$$

の $x=0$ のまわりの級数解を求めよ．

[解] この微分方程式は垂れ下がった鎖の振動(ベルヌーイ，1732年)，

太鼓のような円形の膜の振動(オイラー，1764年)，惑星運動の解析(ラグランジュ，1769年)などに現れたものであり，また円筒形の領域内外の電場や流れの場を求める問題などに頻繁に登場するものである．

1824年ベッセルによって系統的な研究がなされたことから，このような呼び方がされている．n は整数の場合を扱うことが多いが，一般には整数でなくてもよい．本書でも差し当たって n は整数と限定しないで話を進めていく．

方程式(6.41)は式(6.38a, b)の条件を満たしており，$x=0$ は確定特異点である．したがって，$y=\sum_{k=0}^{\infty}b_k x^{k+\lambda}(b_0\neq 0)$ の形の級数解を仮定して，式(6.41)に代入すると

$$\sum_{k=0}^{\infty}(k+\lambda)(k+\lambda-1)b_k x^{k+\lambda-2}+\sum_{k=0}^{\infty}(k+\lambda)b_k x^{k+\lambda-2}$$
$$+\sum_{k=0}^{\infty}\left(1-\frac{n^2}{x^2}\right)b_k x^{k+\lambda}=0$$

を得る．上式は

$$\sum_{k=0}^{\infty}\{(k+\lambda)^2-n^2\}b_k x^{k+\lambda-2}+\sum_{k=0}^{\infty}b_k x^{k+\lambda}=0$$

あるいは

$$(\lambda^2-n^2)b_0 x^{\lambda-2}+\{(\lambda+1)^2-n^2\}b_1 x^{\lambda-1}$$
$$+\sum_{k=0}^{\infty}\left([(k+\lambda+2)^2-n^2]b_{k+2}+b_k\right)x^{k+\lambda}=0 \qquad (6.42)$$

と書ける．式(6.42)のどの x のベキも 0 でなければならない．決定方程式は，$\lambda^2-n^2=0$，したがって $\lambda=\pm n$ と決まる．そこでつぎの 2 つの場合に分けて考えよう．

(i) $\lambda=n$ の場合

まず，式(6.42)の $x^{\lambda-1}$ の係数は $(n+1)^2-n^2\neq 0$ となるから，$b_1=0$ でなければならない．また係数の漸化式は

$$b_{k+2}=-\frac{b_k}{(k+n+2)^2-n^2}=-\frac{b_k}{(k+2)(k+2n+2)}$$

である．これから順次

$$b_2 = -\frac{b_0}{2(2n+2)} = -\frac{n!\,b_0}{2^2(n+1)!}, \quad b_4 = -\frac{b_2}{4(2n+4)} = \frac{n!\,b_0}{2^4(n+2)!\,2!},$$

$$b_6 = -\frac{b_4}{6(2n+6)} = -\frac{n!\,b_0}{2^6(n+3)!\,3!}, \quad \cdots$$

一般に

$$b_{2k} = \frac{(-1)^k n!\,b_0}{2^{2k}(n+k)!\,k!} \qquad (k=1,2,3,\cdots)$$

と決まる．奇数項はすべて 0 である．したがって，このときの解は

$$y = b_0 2^n n! \sum_{k=0}^{\infty} \frac{(-1)^k}{(n+k)!\,k!} \left(\frac{x}{2}\right)^{2k+n} \tag{6.43}$$

となる．ここに現れた級数

$$\sum_{k=0}^{\infty} \frac{(-1)^k}{(n+k)!\,k!} \left(\frac{x}{2}\right)^{2k+n} = \frac{x^n}{2^n n!} - \frac{x^{n+2}}{2^{n+2}(n+1)!} + \cdots = J_n(x) \tag{6.44}$$

は，第 1 種 n 次の**ベッセル関数**(Bessel function)と呼ばれている．図 6.5 に $J_0(x), J_1(x), J_2(x), \cdots$ の振舞いを示す．

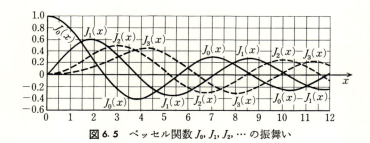

図 6.5 ベッセル関数 $J_0, J_1, J_2, \cdots$ の振舞い

この図を簡単に説明しておこう．鎖の上端が釘に掛けられていて下端が小さな振幅で自由に振動するときの形は図 6.5 の $J_0(x)$ の曲線を縦にしたようなものである．詳しい計算によると，鎖の横方向の変位 y は下端からの距離 x，重力加速度 g，振動数 ω を用いて

$$y = A J_0\left(2\omega\sqrt{\frac{x}{g}}\right) \quad (A \text{ は定数}) \tag{6.45}$$

と表わされる(この結果を導くのはここでの目的ではないから,気にせずに先に進んでよい).鎖の上端が止められているので,上端は $J_0=0$ となる点と一致しなければならない.これをベッセル関数のゼロ点という.たとえば,図6.5に示したように $J_0(x)$ のゼロ点は $x=2.4048, 5.5201, \cdots$ である.したがって,鎖の全長を l として

$$2\omega\sqrt{\frac{l}{g}} = J_0 \text{ のゼロ点}$$

という関係を満たす振動数 ω だけが許されることになる.図6.6(1)に鎖の振動の概念図を示す.図6.6(2),(3)の太鼓の膜や水面の波は2次元的な振動であり,これも同様にベッセル関数を用いて表わされる.

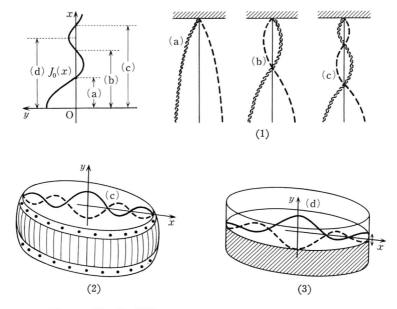

図6.6 (1) 鎖の振動
 (2) 太鼓の膜の振動(縁での変位は0)
 (3) 洗面器の中の水の波(容器壁では自由に変位できる)

(ii) $\lambda = -n$ の場合

この場合も, 式(6.42)の $x^{\lambda-1}$ の係数は $(-n+1)^2 - n^2 \neq 0$ となるから, $b_1 = 0$ でなければならない. また係数の漸化式は

$$b_{k+2} = -\frac{b_k}{(k-n+2)^2 - n^2} = -\frac{b_k}{(k+2)(k-2n+2)} \qquad (6.46)$$

である. これは(i)で導いた漸化式において形式的に n を $(-n)$ と置き換えたものに等しい. この漸化式を用いて係数 b_{2k} を逐次決定していけばもう1つの級数解が得られると期待される.

しかし, この最後に述べた結論はいつでも正しいわけではない. なぜかと言うと, n が整数でないときは, $J_n(x)$ と $J_{-n}(x)$ は互いに独立な解になっており, 何も問題は起こらない. これに対して, n が整数であると k が増加して $(2n-2)$ になったときに, 式(6.46)の b_{2n} の値が発散してしまうのである.

では後者の場合の $\lambda = -n$ に対応した解はどうなってしまったのだろうか. これは式(6.44)をよく眺めてみるとその解答が得られる. まず式(6.44)で形式的に $n \to -n$ とすると

$$J_{-n}(x) = \sum_{k=0}^{\infty} \frac{(-1)^k}{(k-n)! \, k!} \left(\frac{x}{2}\right)^{2k-n} \qquad (6.47)$$

が得られるが, $k = 0, 1, 2, \cdots, n-1$ までは分母に $(-n)!, (1-n)!, \cdots, (-2)!, (-1)!$ のような負の数の階乗が現れてしまう.

ところで負の数の階乗とはいったいどのような意味をもっているのであろうか. 通常の階乗の定義は, たとえば

$$1! = 1, \quad 2! = 2\cdot 1 = 2, \quad 3! = 3\cdot 2\cdot 1 = 6, \quad 4! = 4\cdot 3\cdot 2\cdot 1 = 24, \quad \cdots$$

というように, 与えられた数に1ずつ減らした数をつぎつぎと掛けていくというものであった. また $0! = 1$ と定義した. 同じ精神で負の数についてもこれを計算すると

$$(-1)! = (-1)(-2)(-3)\cdots, \quad (-2)! = (-2)(-3)(-4)\cdots, \quad \cdots$$

のように負の数が無限個掛け合わせられるから, これらは発散する. 分母が $\pm \infty$ になるので式(6.47)の $k \leq n-1$ までの係数は 0 になる. したがっ

て，
$$J_{-n}(x) = \sum_{k=n}^{\infty} \frac{(-1)^k}{(k-n)!\,k!}\left(\frac{x}{2}\right)^{2k-n} = \sum_{m=0}^{\infty} \frac{(-1)^{n+m}}{(m)!\,(n+m)!}\left(\frac{x}{2}\right)^{2m+n}$$
$$= (-1)^n J_n(x) \tag{6.48}$$

となる．ただし，第2辺から第3辺に移るときに $k=n+m$ ($m=0, 1, 2, \cdots$) と置いた．このように，$\lambda=-n$ に対応した解は，$\lambda=n$ に対応した解の定数倍になっているだけであり，互いに独立ではないのである．

では独立な第2の解はどのようにしたら求められるのか．

第2の解の求め方

一般の2階の常微分方程式で1つの級数解が求まったときに，これと独立な第2の解を求める方法を考えてみよう．まず

$$\frac{d^2y}{dx^2} + P(x)\frac{dy}{dx} + Q(x)y = 0 \tag{6.35}$$

の解が $y_1(x), y_2(x)$ であるとする．これから一般解

$$y = C_1 y_1 + C_2 y_2$$

を作る (C_1, C_2 は定数)．これに初期条件

$$x = x_0 \text{ で } y = y(x_0), \quad y' = y'(x_0)$$

を課すと

$$C_1 y_1(x_0) + C_2 y_2(x_0) = y(x_0)$$
$$C_1 y_1'(x_0) + C_2 y_2'(x_0) = y'(x_0)$$

となる．これから C_1, C_2 が決まるためには，係数からなる行列式 W が

$$W(x_0) \equiv \begin{vmatrix} y_1(x_0) & y_2(x_0) \\ y_1'(x_0) & y_2'(x_0) \end{vmatrix} = y_1 y_2' - y_2 y_1' \neq 0$$

を満足していなければならない．W は ポイント 3 で導入したロンスキアンである．考えている x の領域内のどこにおいても特解が決められるためには，この条件がその領域内のすべての点 x_0 で成り立つべきである．したがって，x_0 を x と書き直した

$$W(x) \equiv y_1(x) y_2'(x) - y_2(x) y_1'(x) \neq 0 \tag{6.49}$$

が，解 y_1, y_2 が独立な解となるための判定基準となる．

たとえば例題4の式,

$$\frac{d^2y}{dx^2} - \frac{2}{x^2}y = 0 \tag{6.30a}$$

の解は $1/x$ と x^2 であった.これらは互いに定数倍の関係にはないから独立である.このときは,一方の解を $y_1 = 1/x$,他方を $y_2 = x^2$ として W を計算すると

$$W = \begin{vmatrix} 1/x & x^2 \\ -1/x^2 & 2x \end{vmatrix} = \frac{1}{x}2x - x^2\left(-\frac{1}{x^2}\right) = 3 \neq 0$$

となっている.

さて,一般にロンスキアンは定数とは限らない.これは(6.49)の W を x で微分して式(6.35)を代入すると

$$\begin{aligned} W' &= (y_1'y_2' + y_1y_2'') - (y_2'y_1' + y_2y_1'') = y_1y_2'' - y_2y_1'' \\ &= y_1(-Py_2' - Qy_2) - y_2(-Py_1' - Qy_1) = -P(y_1y_2' - y_2y_1') \\ &= -P(x)W \end{aligned} \tag{6.50}$$

となることからわかる.$P(x)$ が 0 でない限り W は定数とはならないのである.

この W に対する微分方程式(6.50)を解くと(変数分離形にして解いても,積分因数を用いた方法で解いてもよい)

$$W(x) = W(a)\exp\left(-\int_a^x P(t)dt\right) \tag{6.51}$$

が得られる.ただし a は勝手に選んだ x の値で,これを変えても積分定数が変化するだけである.式(6.51)に現れた指数関数の部分は決して 0 にはならないから,もし x のある1点 a で $W(a) \neq 0$ であったなら,他のどの点でも 0 にはならない.したがって,2つの解 y_1, y_2 は独立である.

ところで W は

$$W = y_1y_2' - y_1'y_2 = y_1^2 \frac{d}{dx}\left(\frac{y_2}{y_1}\right)$$

と変形できるから,これに式(6.51)を代入し,両辺を x で積分すると

$$\frac{d}{dx}\left(\frac{y_2}{y_1}\right) = \frac{W(a)}{y_1^2}\exp\left(-\int_a^x P(t)dt\right)$$

$$\therefore \quad y_2(x) = y_1(x) \int_b^x \frac{W(a)}{y_1(s)^2} \exp\left(-\int_a^s P(t)dt\right) ds$$

を得る．同次微分方程式の一般解には定数倍の不定性があるから，a を勝手に選び，上の式全体を $W(a)$ で割ったものを改めて y_2 と考えておいても差し支えはない．また，積分下限の b を変えることは積分定数を変えるだけである．そのような操作を行なっても，y_2 に y_1 の定数倍を加えるだけなので y_1, y_2 の線形結合で表わされない第 3 の解が現れることはない．よって積分下限 b は適当に選んでよい．

以上の考察から y_1 に独立な解 y_2 は

$$y_2(x) = y_1(x) \int^x \frac{1}{y_1(s)^2} \exp\left(-\int^s P(t)dt\right) ds \tag{6.52}$$

によって求められることがわかる．積分の下限は任意に選んでよい．式 (6.52) は ポイント 3 で得た式 (3.38) と同じものである．

決定方程式の 2 根の差が整数のときは

例題 5 で n が整数のときのように，決定方程式の 2 根の差が整数になる場合は，式 (6.52) を用いて第 2 の独立な解を求めることができる．まず $x=0$ が確定特異点であれば $P(x), Q(x)$ は

$$P = \frac{p_{-1}}{x} + p_0 + p_1 x + \cdots, \quad Q = \frac{q_{-2}}{x^2} + \frac{q_{-1}}{x} + q_0 + q_1 x + \cdots$$

(6.38a, b)

のように展開でき，決定方程式は

$$\lambda^2 + (p_{-1} - 1)\lambda + q_{-2} = 0 \tag{6.39}$$

で与えられる．いまその 2 根 λ を $\alpha, \alpha - m$（2 根の差が整数 $m = 0, 1, 2, \cdots$ になっている）とすると

$$(\lambda - \alpha)\{\lambda - (\alpha - m)\} = \lambda^2 + (m - 2\alpha)\lambda + \alpha(\alpha - m) = 0$$

したがって，式 (6.39) との係数比較から

$$p_{-1} = m - 2\alpha + 1, \quad q_{-2} = \alpha(\alpha - m) \tag{6.53}$$

となっている．まず $\lambda = \alpha$ に対応した解を y_1 とすると，これが級数

$$y_1(x) = x^\alpha \sum_{k=0}^{\infty} b_k x^k \tag{6.54}$$

と書けることは，これまでと同様である．係数 b_k は方程式を満たすように b_0 から順次決めて行くことができる．

つぎに式(6.54)を式(6.52)に代入して第2の解を求めてみよう．これを正直に書き下すと

$$y_2(x) = y_1(x) \int^x \frac{\exp\left[-\int^s\left(\frac{p_{-1}}{t}+p_0+p_1 t+\cdots\right)dt\right]}{\left(s^\alpha \sum_{k=0}^{\infty} b_k s^k\right)^2} ds \tag{6.55}$$

という大変面倒な式になる．しかし，被積分関数を $x=0$ のまわりでベキ級数に展開(積分変数を x から s に変えてあるので，$s=0$ のまわりでベキ級数に展開することになる)してしまえば，高々 x^n の積分計算であるから何とかなりそうである．ここはがまんして一歩一歩計算を進めてみよう．まず被積分関数の分子は

$$\exp\left[-\int^s\left(\frac{p_{-1}}{t}+p_0+p_1 t+\cdots\right)dt\right]$$
$$=\exp\left[-\left(p_{-1}\log s+p_0 s+\frac{1}{2}p_1 s^2+\cdots\right)+\text{定数}\right]$$
$$=\text{定数}\times s^{-p_{-1}}\exp\left[-\left(p_0 s+\frac{1}{2}p_1 s^2+\cdots\right)\right]$$
$$=\text{定数}\times s^{-p_{-1}}(c_0+c_1 s+c_2 s^2+\cdots) \tag{6.56a}$$

となる．ただし，$c_0, c_1, \cdots$ はすぐ上の式の指数関数の部分をベキ級数に展開した結果の係数である．また分母の方は

$$\left(s^\alpha \sum_{k=0}^{\infty} b_k s^k\right)^2 = s^{2\alpha}(b_0+b_1 s+\cdots)^2 = s^{2\alpha}(b_0^2+2b_0 b_1 s+\cdots)$$
$$\tag{6.56b}$$

となるから，式(6.55)の被積分関数 $F(s)$ は

$$F(s) = \text{定数}\times \frac{s^{-p_{-1}}(c_0+c_1 s+c_2 s^2+\cdots)}{s^{2\alpha}(b_0^2+2b_0 b_1 s+\cdots)}$$
$$= s^{-2\alpha-p_{-1}}(A_0+A_1 s+A_2 s^2+\cdots)$$

$$= s^{-m-1}(A_0 + A_1 s + A_2 s^2 + \cdots + A_m s^m + A_{m+1} s^{m+1} + \cdots) \tag{6.56c}$$

となる．ただし $A_0, A_1, A_2, \cdots$ などは，1行目の式を $s=0$ のまわりの級数に展開して得られる係数である．また式(6.53)を用いて p_{-1} を消去した．式(6.56c)を積分すれば

$$\int^x F(s)ds = -\frac{A_0}{m}x^{-m} + \frac{A_1}{1-m}x^{-m+1} + \cdots - \frac{A_{m-1}}{x}$$
$$+ A_m \log x + A_{m+1}x + \cdots + 定数 \tag{6.57}$$

となる（ただし式(6.56c)の展開係数からただちにわかるように，$m=0$ のときは，式(6.57)で $A_0 \log x$ から後の級数だけが残り，その前にある $-A_0 x^{-m}/m, \cdots$ などの項はない）．これを式(6.55)に代入すれば，われわれの目的とした第2の独立な解

$$y_2(x) = y_1(x) \times \left(-\frac{A_0}{mx^m} + \frac{A_1}{(1-m)x^{m-1}} + \cdots - \frac{A_{m-1}}{x}\right.$$
$$\left. + A_m \log x + 定数 + A_{m+1}x + \cdots \right)$$
$$= A_m y_1(x) \log x + (b_0 x^\alpha + b_1 x^{\alpha+1} + \cdots)$$
$$\times \left(-\frac{A_0}{m}x^{-m} + \frac{A_1}{1-m}x^{-m+1} + \cdots - \frac{A_{m-1}}{x} + 定数 + A_{m+1}x + \cdots\right)$$
$$= A_m y_1(x) \log x + x^{\alpha-m}(B_0 + B_1 x + B_2 x^2 + \cdots) \tag{6.58}$$

が得られる．ここで $B_0 = -b_0 A_0/m$, $B_1 = \cdots$ などは，第2式の右辺第2項を展開して整理したときの係数である．

ここで特徴的なことは対数関数 $\log x$ が現れることである．これ以外の部分は，式(6.58)のように，x の最低次の次数が $(\alpha-m)$ の級数となる．後者は決定方程式(6.39)の根のうち残されていたもう一方の根 $(\alpha-m)$ に対応する級数解となっている．

以上，決定方程式の2根の差が整数の場合を考え，第2の独立な解として，式(6.58)のように対数関数と第1の解との積が現れることを示した．

もちろん微分方程式によっては，$A_m = 0$ となって対数関数に比例した部分が現れないこともある．また正則点においては，$p_{-1} = q_{-2} = 0$ であり，

式(6.39)の決定方程式の根は $\lambda=0,1$ となる．後者の場合も2根の差は整数になっているが，この場合ははじめからベキ級数展開をして2つの独立な解が得られるから，このようなまわりくどいことをする必要はなく，また対数関数の部分も現れない．

要するに，決定方程式の根のそれぞれに対応した解が独立であればそれでよいが，そうでなければ $\log x$ を含む解を探す必要があるということである．

復習を兼ねて，具体的に上で述べたプロセスを振り返ってみよう．

例題6

つぎの微分方程式の級数解を求めよ．
$$\frac{d^2y}{dx^2}+\frac{1}{x}\frac{dy}{dx}+y=0 \tag{6.59}$$

[解] これは，微分方程式(6.41)で $n=0$ とおいたものである．決定方程式の根は $\lambda=0$ (重根)である．これに対応した1つの解は式(6.44)から

$$y_1(x)=J_0(x)=\sum_{k=0}^{\infty}\frac{(-1)^k}{(k!)^2}\left(\frac{x}{2}\right)^{2k}=1-\frac{x^2}{4}+\frac{x^4}{64}-\cdots \tag{6.60}$$

である（これは第1種0次のベッセル関数）．つぎに，式(6.59)では $P=1/x$（したがって，$p_{-1}=1$）であるから，式(6.56a)は

$$\exp\left(-\int^s \frac{1}{t}dt\right)=\exp(-\log s)=\frac{1}{s}$$

また，式(6.56b)は

$$\left(1-\frac{s^2}{4}+\frac{s^4}{64}-\cdots\right)^2=1-\frac{s^2}{2}+\frac{3s^4}{32}+\cdots$$

となる．したがって，

$$\begin{aligned}y_2(x)&=J_0(x)\int^x\frac{1}{s}\left(1-\frac{s^2}{2}+\frac{3s^4}{32}+\cdots\right)^{-1}ds\\&=J_0(x)\int^x\frac{1}{s}\left(1+\frac{s^2}{2}+\frac{5s^4}{32}+\cdots\right)ds\end{aligned}$$

$$= J_0(x)\left(\log x + \frac{x^2}{4} + \frac{5x^4}{128} + \cdots + 定数\right)$$

$$= J_0(x)(\log x + 定数) + \left(1 - \frac{x^2}{4} + \cdots\right)\left(\frac{x^2}{4} + \frac{5x^4}{128} + \cdots\right)$$

$$= J_0(x)(\log x + 定数) + \left(\frac{x^2}{4} - \frac{3x^4}{128} + \cdots\right) \tag{6.61}$$

を得る．これを少し修正したものが第2種0次のベッセル関数と呼ばれているものである．

　以上から，式(6.59)の一般解は

$$y = Ay_1(x) + By_2(x) \tag{6.62}$$

と表わされる(A, B は任意定数)．

　この ポイント では，x^n さえ微分できれば微分方程式の特定の点(ここでは $x=0$ と選んでいた)のまわりで級数解が求められることを述べてきた．

　もし，この特定の点が特異点でなければ，ベキ級数の形で解が表わされる．また，もしこの点が特異点であっても，それが**確定特異点**と呼ばれるものであれば，級数解が求められる(式(6.30a)や(6.41))．このときの級数解の最低次のベキを決めるものが決定方程式と呼ばれる方程式であった．

　ところで2階の微分方程式では2つの(一般に n 階の微分方程式なら n 個の)独立な解が必要である．決定方程式で決まる根を用いて，これらの独立な解がすべて求まれば，話は大変簡単であった．

　しかし，決定方程式の根の差が整数のときは，せっかく第2の解を計算してもこれが第1の解の定数倍になっていて独立な解が得られないことがある．そこで少しばかり工夫が必要になる．ここではロンスキアンを利用して式(6.52)のような独立な解を求めた．計算はかなり面倒ではあるが，正直に1つ1つ計算を行なえば答えは必ず求められる．

　問題によっては，第2の独立な解を求める必要がないかもしれない．たとえば，例として計算したベッセルの微分方程式でも，原点 $x=0$ で有限な値をもつ解だけを考えるなら，一方の解である第1種のベッセル関数だ

けで事足りる．しかし，解を一般的に表現したり，定数変化法で特解を求めたり，ポイント 8 で述べるグリーン関数を構成したりしようとすると独立な解がすべて必要になる．

ポイント 7

リプシッツの条件とは

　理工系で扱う微分方程式の多くは自然の中の現象を数学的にモデル化し表現したものである．それが現象を忠実に反映したものである限り解の存在を疑う余地はほとんどない．また方程式と付加した条件を満たす解が求まってしまえば，解の存在は当然のことながら示されたことになる．

　むしろ問題となるのは同じ方程式と付加条件を満たす解がいくつもあるような場合である．解の振舞いに疑問が生じたとき，方程式がおかしいのか，条件の与え方がおかしいのかなどと思い悩む．そのようなときに役立つのがリプシッツの条件である．リプシッツの条件は解の一意性を保証するので，それを確認すれば安心して解を調べることができる．

少しずつ近似を高めていけば

微分方程式の解をまず粗い近似で与え，次第にその近似を高めて真の解に近づけていく方法（逐次近似法）がある．そのような試みの1つとして，**ピカールの逐次近似法**（Picard's method of successive approximation）と呼ばれているものを紹介しよう．

微分方程式

$$y' = xy \tag{7.1}$$

を，$y(0)=1$ の条件の下で解く．これはもちろん前に ポイント1 で説明した変数分離法や ポイント2 の積分因数法などで簡単に解くことができる．しかし，ここでは逐次近似法の例題として話を進めよう．

まず，$x=0$ で $y=1$ であるから，$x=0$ の近くで式(7.1)が成り立つもっとも粗い解 y の近似として $y=1$ を選ぶ．これを y_0 とする．これでは近似が粗すぎるので，つぎの近似解 y_1 として，式(7.1)の右辺にいま求めた y_0 を代入して得られる y の値を選ぶ．すなわち，

$$y_1' = xy_0 = x$$

を積分して y_1 を求める．

$$y_1 = 1 + \int_0^x x\,dx = 1 + \frac{x^2}{2}$$

さらに近似を高めるために，これを再び式(7.1)の右辺に代入し，つぎの近似解 y_2 を求める．

$$y_2 = 1 + \int_0^x xy_1\,dx = 1 + \int_0^x x\left(1+\frac{x^2}{2}\right)dx = 1 + \frac{x^2}{2} + \frac{x^4}{2\cdot 4}$$

これを繰り返して

$$y_3 = 1 + \int_0^x xy_2\,dx = 1 + \int_0^x x\left(1+\frac{x^2}{2}+\frac{x^4}{2\cdot 4}\right)dx$$
$$= 1 + \frac{x^2}{2} + \frac{x^4}{2\cdot 4} + \frac{x^6}{2\cdot 4\cdot 6} = 1 + \frac{x^2}{2} + \frac{1}{2!}\left(\frac{x^2}{2}\right)^2 + \frac{1}{3!}\left(\frac{x^2}{2}\right)^3$$

などを得る．ここまでくるとこの逐次近似解の一般項 y_n が

$$y_n = 1 + \frac{x^2}{2} + \frac{1}{2!}\left(\frac{x^2}{2}\right)^2 + \frac{1}{3!}\left(\frac{x^2}{2}\right)^3 + \cdots + \frac{1}{n!}\left(\frac{x^2}{2}\right)^n$$

であると見当がつく．このようにつぎつぎとこの操作を繰り返していけば，やがて限りなく正しい解が得られると期待してよい．

そこで $n \to \infty$ とした

$$\lim_{n\to\infty} y_n = \sum_{n=0}^{\infty} \frac{1}{n!}\left(\frac{x^2}{2}\right)^n = e^{x^2/2} \equiv y_\infty \tag{7.2}$$

を考えてみる．まず式(7.2)の y_∞ を微分すると

$$\frac{dy_\infty}{dx} = e^{x^2/2} \frac{d}{dx}\left(\frac{x^2}{2}\right) = xe^{x^2/2} = xy_\infty$$

である．したがって，y_∞ は微分方程式(7.1)の解になっており，また初期条件 $y(0)=1$ も満たしている．このようにして近似解の極限(7.2)が式(7.1)の解であることが確かめられた．

図7.1は上で得られた近似解 $y_0, y_1, y_2, \cdots$ を示したものであるが，これらが次第に真の解(7.2)に近づいていくようすがうかがえるであろう．真の解のグラフのことを**解曲線**という．

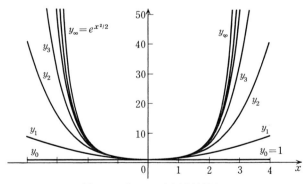

図7.1　$y' = xy$ の逐次近似解 y_n

さて，上の解法では初期条件を満たす最初の解として，$y_0(x)=1$ と選んでいる．しかし，$y_0(x)$ としては初期条件を満たしてさえいれば他の選び方でもよいのではないだろうか．たまたま $y_0(x)=1$ と選んだがために解がう

まく求められたというのではこの解法は大変心もとない．そこで，たとえばもっとも粗い近似解を

$$\tilde{y}_0(x) = 1 + x \equiv \tilde{y}_0$$

と選んでみよう．このようにしても，$x=0$ で $y=1$ という条件は満たされている．上式を(7.1)の右辺に代入し，積分して次の近似解 $\tilde{y}_1$ を求めると

$$\tilde{y}_1 = 1 + \int_0^x x(1+x)dx = 1 + \frac{x^2}{2} + \underline{\frac{x^3}{3}}$$

となる．同様にしてつぎつぎと代入していくと

$$\tilde{y}_2 = 1 + \int_0^x x\left(1 + \frac{x^2}{2} + \frac{x^3}{3}\right)dx = 1 + \frac{x^2}{2} + \frac{x^4}{2\cdot 4} + \underline{\frac{x^5}{3\cdot 5}}$$

$$\tilde{y}_3 = 1 + \frac{x^2}{2} + \frac{x^4}{2\cdot 4} + \frac{x^6}{2\cdot 4\cdot 6} + \underline{\frac{x^7}{3\cdot 5\cdot 7}}$$

が得られ，一般に

$$\tilde{y}_n = 1 + \frac{x^2}{2} + \frac{1}{2!}\left(\frac{x^2}{2}\right)^2 + \frac{1}{3!}\left(\frac{x^2}{2}\right)^3 + \cdots + \frac{1}{n!}\left(\frac{x^2}{2}\right)^n + \underline{\frac{x^{2n+1}}{(2n+1)!!}}$$

を得る．ここで $(2n+1)!!$ は1つおきに数を減らしながら積をとったもの $(2n+1)(2n-1)\cdots 5\cdot 3\cdot 1$ を表わす．この近似解 $\tilde{y}_n$ はさきに求めた y_n と比べるとアンダーラインをした部分が付け加わっているだけである．この逐次近似解が n をどんどん大きくしていくと解曲線(7.2)にどのように漸近していくかを図7.2に示す．

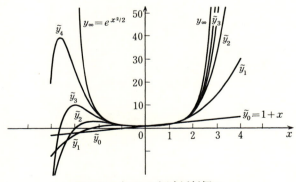

図7.2 $y'=xy$ の逐次近似解 $\tilde{y}_n$

前の場合(図7.1)と異なり，$x<0$ で真の解に近づくようすがかなり異なっている．x の正の側は全体的に近似が良くなっていくのに対して，x の負の側では $|x|$ の大きなところで真の解との差が大きくなる．

　しかし，どんな実数 x に対しても
$$\lim_{n\to\infty} x^{2n+1}/(2n+1)!! = 0$$
であり，$\tilde{y}_n$ もやはり $n\to\infty$ で真の解 y_∞ に収束する．ただ，近似解が真の解に収束する領域の広さとその速さに多少の差が出るだけである．したがって，初期関数を $\tilde{y}_0$ と選んでも，やはり近似解の極限は真の解になるのである．

　これまでのやりかたを振り返ってみると，ピカールの逐次近似法は与えられた微分方程式がどのような形であるか(すなわち，式(7.1)の右辺が線形か非線形か，あるいは変数分離可能かなど)には依らないし，また初期関数の選び方にもよらない，いわばオールマイティーな解法のように思われる．

　そこで一般の1階微分方程式
$$\frac{dy}{dx} = f(x, y) \tag{7.3}$$
に対して，この方法がどう適用されるかをまとめてみよう．ただし，$x=x_0$ で $y=y(x_0)$ という初期条件が与えられているとする．

　まず式(7.3)を x について x_0 から x まで積分して
$$\int_{x_0}^x \frac{dy}{dx} dx = y(x) - y(x_0) = \int_{x_0}^x f(u, y(u)) du$$
すなわち，つぎの式を得る．
$$y(x) = y(x_0) + \int_{x_0}^x f(u, y(u)) du \tag{7.4}$$
右辺では混乱を避けるために積分変数を x から u に変えてある．式(7.4)は厳密な式ではあるが，右辺の被積分関数の中にこれから求めるべき未知

関数 y が入っているので，これで答えが求まったというわけではない．

式(7.3)は未知関数 y の微分と x, y の間の関係式であったために微分方程式と呼ばれていた．これとは対照的に，式(7.4)は未知関数 y を含む関数を積分したものと x や y の関係を与えている．このような方程式は一般に**積分方程式**(integral equation)と呼ばれている．

微積分の演習問題で悩まされた人は，往々にして微分より積分の方が難しいという印象を持っているので，積分方程式というと何だかもっと難しい問題を扱うことになったと思うかもしれない．しかし，これは呼び名だけであって，中身は微分方程式(7.3)も積分方程式(7.4)も同じである．

上で求めた積分方程式(7.4)を解くために，積分の中の関数 y に適当な近似解を代入する．"適当に" といってもあまりメチャクチャな関数を選ぶとあとの計算が大変になるおそれがある．スタートになる第 0 近似の解 $y_0(x)$ としては，初期条件を満たすものであればなるべく簡単なものがよいので，ふつうは y の初期値 $y(x_0)$ そのものを y_0 として選ぶのがよい．これによって決まる解を y_1 とすると

$$y_1(x) = y_0 + \int_{x_0}^{x} f(u, y_0) du$$

となる．右辺の被積分関数は既知であるから，原理的には積分ができるはずである．つぎに上式で決まる y_1 を式(7.4)の右辺に代入したものを y_2 とする．

$$y_2(x) = y_0 + \int_{x_0}^{x} f(u, y_1(u)) du$$

このようにすればつぎつぎと y_n を決めていくことができる．

$$y_n(x) = y_0 + \int_{x_0}^{x} f(u, y_{n-1}(u)) du \tag{7.5}$$

さて，このようにして得られた関数の列

$$\{y_0(x), y_1(x), y_2(x), \cdots, y_n(x), \cdots\} \tag{7.6}$$

が，ある関数 $y(x)$ に<u>収束したとしよう</u>．そこで式(7.5)の両辺の $n \to \infty$ の極限をとると ($y_n(x)$ も $y_{n-1}(x)$ も同じ極限 $y(x)$ を持つから)

$$y(x) = y_0 + \int_{x_0}^{x} f(u, y(u))du \tag{7.4}$$

を得る．これは，微分方程式(7.3)が解けたことを意味している．

しかしここで問題がなかったわけではない．たとえば

(1) 関数列(7.6)が収束するのか
(2) 収束したとしても，その極限関数 $y(x)$ は微分できるのか
(3) 関数列を引数とする関数が，収束した極限関数を引数とした関数と一致するのか．すなわち

$$\lim_{n\to\infty} f(u, y_n(u)) \stackrel{?}{=} f(u, \lim_{n\to\infty} y_n(u)) \tag{7.7a}$$

(4) 式(7.5)の極限をとるときに積分と極限操作の順序を変えてよいのか．すなわち

$$\lim_{n\to\infty} \int_{x_0}^{x} f(u, y_n(u))du \stackrel{?}{=} \int_{x_0}^{x} \lim_{n\to\infty} f(u, y_n(u))du \tag{7.7b}$$

(5) 極限関数 $y(x)$ は $y_0(x)$ の選び方によらないのか

など，不安な点がいくつか残されている．これらの疑問点のうち，(1)〜(4)は解の存在に関わるものでもちろん重要ではあるが，個々の場合に求まった解を眺めてみればたいていは解決できるものである．これに対して，(5)は少し性格が異なり，やっかいな問題を含んでいる．というのは，微分方程式と初期条件を満たしているにもかかわらず，その解の振舞いがまったく異なったものとなってしまう可能性があるからである．つぎの例を見てみよう．

---- 例題 1 ----
つぎの微分方程式を $x=0$ で $y=0$ という初期条件の下で解け．

$$\frac{dy}{dx} = \sqrt{y} \tag{7.8}$$

[解] まず $x=0$ で $y=0$ であるから，$x=0$ の近くで成り立つもっとも粗い近似として $y_0(x)=0$ と選ぶ．つぎの近似解 y_1 として，式(7.8)の右辺にいま求めた y_0 を代入し，$y_1'=\sqrt{y_0}=0$ を得る．これを積分して y_1 を求め

ればよいから

$$y_1 = 0 + \int_0^x 0 \, dx = 0$$

となる．これを再び式(7.8)の右辺に代入し，つぎの近似解 y_2 を求めると $y_2=0$．同様にして $y_3=y_4=\cdots=y_n=0$ となり，結局のところ，この関数列はすべて0．したがって，極限をとった関数として

$$y(x) = 0 \qquad (7.9)$$

を得る．これはたしかに微分方程式(7.8)と初期条件を満たしている．

さて，上の解法では初期条件を満たす最初の解として $y_0(x)=0$ と選んでいたが，$y_0(x)$ としては初期条件を満たしてさえいれば他の選び方でもよかったから，こんどは $y_0(x)=x^2$ と選んでみよう．このとき，近似解 y_1 は

$$y_1 = 0 + \int_0^x \sqrt{x^2} \, dx = \int_0^x |x| \, dx = \frac{x^2}{2}$$

となる．同様にしてつぎつぎと近似解を求めていくと

$$y_2 = 0 + \int_0^x \frac{|x|}{2^{1/2}} dx = \frac{x^2}{2^{3/2}} = \frac{x^2}{2^{2-1/2}}$$

$$y_3 = \int_0^x \frac{|x|}{2^{3/4}} dx = \frac{x^2}{2^{7/4}} = \frac{x^2}{2^{2-1/4}}$$

$$y_4 = \int_0^x \frac{|x|}{2^{7/8}} dx = \frac{x^2}{2^{15/8}} = \frac{x^2}{2^{2-1/8}}$$

$$\cdots\cdots$$

これから逐次近似解の一般項 y_n が

$$y_n = \frac{x^2}{2^\alpha}, \qquad \alpha = 2 - \frac{1}{2^{n-1}}$$

と予想がつく．したがって，$n\to\infty$ では $\alpha\to 2$ となり，極限関数は

$$y(x) = \frac{1}{4} x^2 \qquad (7.10)$$

となる．これはもちろん初期条件 $y(0)=0$ を満たしている．またこの解も微分方程式(7.8)の左辺と右辺に代入すると

$$\frac{dy}{dx} = \frac{1}{2} x, \qquad \sqrt{y} = \frac{|x|}{2}$$

であるから，$x \geq 0$ で考えれば確かに解になっている．これらの解を図7.3に示す．

「初期点$(0, 0)$を通る」という条件をつけたにもかかわらず，$x > 0$ では2つの解(7.9)と(7.10)が存在してしまった(すぐ後で，じつはこの場合に無数の解が存在することも示される)．

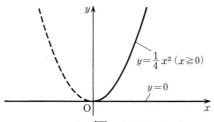

図7.3 $y' = \sqrt{y}$ の$(0, 0)$を通る解

このように，扱う微分方程式によっては初期条件を与えても必ずしも答えが1通りに決まらないことがわかった．これを**一意性**(uniqueness)が成り立たないという．また，逆に一意性が成り立つとは，微分方程式の解のうち与えられた1点 $x = x_0$ で $y = y_0$ を通るものが1通りに決まることをいう．

解の衝突と一意性

例題1で解の一意性が成り立たなくなったのは，原点$(0, 0)$で2つの解曲線がくっついてしまったからである．なぜこういう結果が生じたのだろうか．この理由を調べるために，例題1より一般的な微分方程式

$$\frac{dy}{dx} = y^\alpha \qquad (\alpha > 0) \tag{7.11}$$

を考えてみよう．初期条件は $x = x_0$ で $y = y_0$ とする．

変数分離によって式(7.11)を解く．まず $y \neq 0$ として

$$\frac{dy}{y^\alpha} = dx$$

と変形し，両辺をそれぞれの変数で積分する．これにより $\alpha \neq 1$ であれば

$$\frac{y^{1-\alpha}}{1-\alpha} = x+C \qquad (C は積分定数)$$

を得る.積分定数 C を初期条件から決定すると,解はつぎのように与えられる.

$$y^{1-\alpha} = y_0^{1-\alpha}+(1-\alpha)(x-x_0) \tag{7.12}$$

また $\alpha=1$ のときは,

$$\log|y| = x+C \qquad (C は積分定数)$$

となるので,初期条件から C を決定し,

$$y = y_0 e^{x-x_0} \tag{7.13}$$

を得る.

さて,$\alpha=2, \alpha=1/2$ の2つの場合について,(7.12)の解の振舞いを調べてみよう.$\alpha=1/2$ の場合が例題1に相当している.

(i) $\alpha=2$ のとき($y_0>0$ とする)

式(7.12)より

$$y = \frac{1}{\frac{1}{y_0}+x_0-x} \tag{7.14}$$

となる.これは $x=x_0+(1/y_0)$ と $y=0$ を漸近線とする双曲線で,そのおよその振舞いは図7.4のようになる.

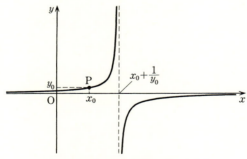

図7.4 $y'=y^\alpha$ の解($\alpha=2$ のとき)

(ii) $\alpha=1/2$ のとき($y_0 \geqq 0$ とする)

式(7.12)から

$$\sqrt{y} = \sqrt{y_0} + \frac{1}{2}(x - x_0) \tag{7.15a}$$

あるいは，両辺を2乗して

$$y = \left(\sqrt{y_0} + \frac{1}{2}(x - x_0)\right)^2 \tag{7.15b}$$

を得る．ただし，(7.15b)のように書いたときには(7.15a)で$\sqrt{y} \geqq 0$より

$$x \geqq x_0 - 2\sqrt{y_0} \tag{7.16}$$

の条件が付く．この事情は例題1でも同じであった．解(7.15a)は図7.5(a)に示したような右半分だけの放物線である．すなわち，ある初期値(x_0, y_0)から始めてxの値を減らしていくと次第にyの値は減少し，$x = x_0 - 2\sqrt{y_0}$に達した所でx軸になめらかに接して終わる曲線となっている．

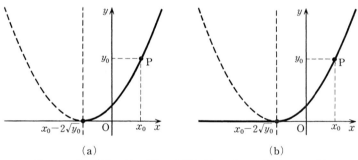

図7.5　$y' = \sqrt{y}$ の解．(b)は自明な解$y = 0$との合併による解

では$x < x_0 - 2\sqrt{y_0}$では解がないのであろうか．確かにこのときは$\sqrt{y} < 0$という不合理なことが起こり，上で求めた解は意味をなさなくなる．しかし，実は方程式(7.11)には上記のもの以外に全領域($-\infty < x < \infty$)で

$$y = 0 \tag{7.17}$$

という自明な解(これは計算しなくてもすぐ求められる解という意味)が存在している．したがって，はじめは(7.15b)の放物線に沿って左に降りてきて，$x = x_0 - 2\sqrt{y_0}$において$y = 0$に達したところで式(7.17)とつながるような合併曲線

$$y = \begin{cases} \left(\sqrt{y_0} + \dfrac{1}{2}(x-x_0)\right)^2 & (x \geqq x_0 - 2\sqrt{y_0}) \\ 0 & (x \leqq x_0 - 2\sqrt{y_0}) \end{cases} \quad (7.18)$$

もまた解曲線になっている(図7.5(b)). 式(7.18)で示された2つの曲線はなめらかに接続している.

これまで解(7.12)について, $\alpha=2, \alpha=1/2$ の2つの場合を考えた. そして, それぞれの場合に解曲線を求めることができた. しかし, その振舞いには大きな違いがある.

$\alpha=2$ の場合には, 解(7.14)は方程式(7.11)の自明な解である $y=0$ の直線と決して交わることはない. すなわち, 初期値 $(x_0, y_0), y_0>0$ をどう与えても, この点を通る曲線はただ1通りに決められる. また, (7.14)からわかるように, $y_0 \to 0$ の極限では y は x の全領域で自明な解の直線 $y=0$ に一致する. したがって, やはり解曲線は1通りに決まる. $\alpha=1$ の場合も一意性が成り立っている. このことは $\alpha=2$ の場合と同様, 解(7.13)の振舞いを調べればわかる.

一方, $\alpha=1/2$ の場合にはどうであろうか. この場合には図7.5(b)のような解があることはすでに述べた. もし y_0 の値を変えても, $y_0>0$ であれば初期点 (x_0, y_0) を通る解は1通りに決まる($x \leqq x_0 - 2\sqrt{y_0}$ で自明な解 $y=0$ とつなぐかどうかという程度の違いがあるだけである).

しかし $y_0=0$ のときは注意が必要である. というのは点 $P_0(x_0, y_0=0)$ を通る解としては, 前述した解(7.18)で $y_0=0$ と置いたものの他にいくらでも解が作れるからである. たとえば $x=x_1 (>x_0)$ まで $y=0$ であり, $x \geqq x_1$ で放物線に立ち上がるもの,

$$y = \begin{cases} \dfrac{1}{4}(x-x_1)^2, & (x \geqq x_1) \\ 0 & (x \leqq x_1) \end{cases} \quad (7.19)$$

は, 図7.6に示したように点 P_0 を通る解となっている. ここで x_1 は x_0 より大きければ何でもよいので, 点 P_0 を通る解は無限にたくさんあることになり(これらは図7.6のカゲをつけた部分を埋めつくす), 解の一意性

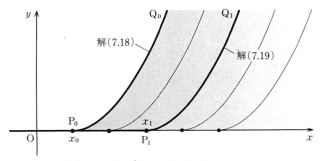

図7.6　$y'=\sqrt{y}$ の点 $P_0(x_0,0)$ を通る解

は成り立たない.

一意性とリプシッツ条件

　これまでの結果は，(7.12)や(7.13)で与えられる解と(7.17)の自明な解が衝突しない(くっつかない)ときには，解の一意性が成り立ち，衝突するときには成り立たないことを示している．

　また，解の衝突は図7.7(a)から想像されるように，y が0に近づくときに y' の減少のしかたが遅いと起こる．そこで，$y'=y^\alpha$ の例で，α の値によって y と y' の関係がどう変わるかを，もう少し詳しく見てみよう．図7.7(a)のように xy 平面上で，まず点 (x,y) における解曲線の勾配 y' を求め，(b)のように $y'y$ 平面上にプロットする．

　図(b)では横軸が勾配 y' を表わすことに注意すれば，$\alpha=1/2$ のように xy 平面で大きな勾配から急に勾配が0になる曲線が，$y'y$ 平面上では勾配の緩やかな曲線に対応するのもうなずける．つぎに図(b)で y と y' の役割を入れ替えれば yy' 平面での関係(c)が表示できる．

　図7.7(c)からわかるように，$\alpha=2$ では $y=0$ 付近で限りなく y' の y に対する勾配が0に近づき，$\alpha=1/2$ では反対に y' の y に対する勾配は無限大に近づいている．

　これまで，$\alpha=2,1,1/2$ の特別の場合について述べてきたが，一般の α の場合にも，同様である．数式で書けば，$y\to 0$ のとき

ポイント7 ●リプシッツの条件とは

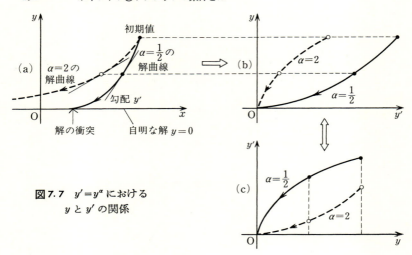

図7.7 $y' = y^\alpha$ における y と y' の関係

$$\frac{dy'}{dy} = \begin{cases} \alpha y^{\alpha-1} \to 0 & (\alpha > 1) \\ 1 & (\alpha = 1) \\ \alpha/y^{1-\alpha} \to \infty & (0 < \alpha < 1) \end{cases} \quad (7.20)$$

となっている．これがすべての運命を決めており，$dy'/dy \leqq 1$ であれば解の衝突が起こらず解が一意に決まるのである．

この事情は式(7.11)を拡張して

$$y' \equiv \frac{dy}{dx} = Ky^\alpha \quad (K\text{は定数}) \quad (7.21)$$

としても同じである．実際，$Kx = X$ と置いてみると

$$\frac{dy}{dX} = \frac{dy}{dx}\frac{dx}{dX} = Ky^\alpha \frac{1}{K} = y^\alpha$$

となるから，x 軸上の目盛りの尺度を何倍かするだけの違いでしかない．したがって $\alpha \geqq 1$ ならば解の一意性は成り立っている．

ちょうど境目になっている $\alpha = 1$ の場合には，式(7.21)から

$$y' = Ky \quad \text{あるいは} \quad \frac{dy'}{dy} = K$$

を得る．これは yy' 平面上で勾配が K の直線を表わしている．式(7.20)の

$\alpha=1$ における勾配は1であったが，これが1であるか K であるかは（前述したように x 軸上の目盛りの尺度を変えるだけなので）まったく問題ではなく，それが有限な値であるか無限大であるかが本質的なところである．したがって定数 K が有限な範囲内にあれば，解の衝突は起こらない．

これに対して定数 K が無限大の場合には事情が異なる．なぜなら，もし K が無限に大きくなると，直線 $y'=Ky$ は限りなく y' 軸に近づき，$y=0$ の近くで $0<\alpha<1$ のときと同じような状況が起こってしまうからである．

以上のことから，解が衝突しない，すなわち解の一意性が満たされるためには，少なくとも**有限で確定した値 $K_0 (>0)$ があって**

$$|y'| \leqq K_0|y| \quad \text{あるいは} \quad \left|\frac{dy'}{dy}\right| \leqq K_0 \qquad (7.22)$$

となっていなければならないことがわかった（図7.8参照）．この判定条件を**リプシッツ**（Lipschitz）**条件**という．

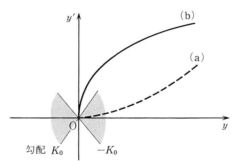

図7.8 リプシッツ条件の確認

解曲線が(a)のように $y'=\pm K_0 y$ で挟まれたカゲをつけた部分に含まれていればリプシッツ条件を満たす．これに対して(b)は条件を満たさない

一般の微分方程式

$$y' = f(x, y)$$

でも同様である．微分係数 y' は x の値によっても変わるが，リプシッツの条件で問題になるのは y と y' の関係であり，解の衝突を調べようとする点の近くだけで考えればよい．

まず x が一定の平面内で考えると，勾配 y' は一般に $f(x, y)$ で与えられており，この曲線上の点 y_1 およびその近くの点 y を用いて，

$$\frac{y'(x, y) - y'(x, y_1)}{y - y_1} = \frac{f(x, y) - f(x, y_1)}{y - y_1} \to \left.\frac{\partial f}{\partial y}\right|_{y = y_1}$$

が y' の y に対する勾配を与える．上式の最右辺が y の偏微分になっているのは f がそもそも2変数 x, y の関数であったからである．したがって y' の y に対する勾配が $\pm K_0$ の範囲内に押えられているためには

$$|f(x, y) - f(x, y_1)| \leq K_0 |y - y_1| \tag{7.23a}$$

あるいは

$$\left|\frac{\partial f}{\partial y}\right|_{y = y_1} \leq K_0 \tag{7.23b}$$

となっていなければならない．式(7.23a, b)が最も一般的なリプシッツ条件である．

たとえば，式(7.1)で考えた

$$y' = xy$$

では，式(7.23a)から

$$|f(x, y) - f(x, y_1)| = |xy - xy_1| = |x||y - y_1| \leq K_0 |y - y_1|$$

が有限な x の範囲内で成り立つ．したがって，有限な x の領域内でリプシッツ条件は満たされている．

リプシッツ条件で考えている勾配は $\partial y'/\partial y$ であって，$\partial y/\partial x$ や $\partial y'/\partial x$ ではないことをもう一度注意しておこう．したがって，たとえば

$$y' = \frac{1}{x} \quad (x > 0)$$

の場合には，y' が非常に大きくなるところがあっても，リプシッツ条件は常に満たされている．この例からも予想されるように $f(x, y)$ が x だけの関数のとき，すなわち

$$y' = f(x) \tag{7.24}$$

であるときは，関数 $f(x)$ の定義されている領域内で必ずリプシッツ条件が満たされ，解の一意性が保証されるのである．

一意性の確認

さて，リプシッツ条件が満たされていれば解の一意性が成り立つことを別の角度から見てみよう．まず微分方程式

$$y' = f(x, y)$$

の解のうち，$x=x_0$ で $y=y_0$ を満たす解が2つあったとする．これを $y^*(x)$，$y^{**}(x)$ とする．また $f(x,y)$ は連続な関数と仮定する．

これらの解 y^*, y^{**} はピカールの方法によって作ることができ

$$y^*(x) = y_0 + \int_{x_0}^{x} f(u, y^*(u)) du \tag{7.25a}$$

$$y^{**}(x) = y_0 + \int_{x_0}^{x} f(u, y^{**}(u)) du \tag{7.25b}$$

と書ける．

いま，図7.9に示したように x_0 と $x_1 \equiv x_0 + 1/(2K_0)$ の区間を考えると（この K_0 はリプシッツ条件に現れたものと同じであり，区間の幅の選び方についてはあとで述べる），この中では $|y^*-y^{**}|$ も連続であるから，この区間内のどこか $(x=x_M)$ で最大値 M をとる．すなわち

$$M = \max_{x_0 \leq x \leq x_1} |y^* - y^{**}| = |y^*(x_M) - y^{**}(x_M)|$$

$$= \left| \int_{x_0}^{x_M} \{f(u, y^*) - f(u, y^{**})\} du \right| \tag{7.26a}$$

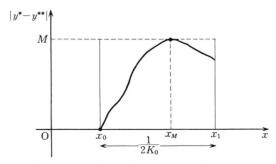

図7.9 区間 $[x_0, x_1]$ での $|y^*-y^{**}|$ の変化

最後の式に移るときに，式(7.25a, b)を用いた．

つぎに積分に関する不等式(被積分関数の絶対値をとったものの方が面積は小さくないというもの)

$$\left|\int_a^b F(u)du\right| \leq \left|\int_a^b |F(u)|du\right|$$

を用いると，式(7.26a)から

$$M \leq \left|\int_{x_0}^{x_M} |f(u, y^*) - f(u, y^{**})|du\right| \qquad (7.26b)$$

を得る．式(7.26b)の被積分関数のように負にはならない関数の積分値は，一般に積分区間を広げると元の値より小さくなることはない．

$$\int_a^b |F(u)|du \leq \int_a^c |F(u)|du, \ a \leq b \leq c$$

ここで等号は，区間 $b \leq u \leq c$ で $F(u)$ が恒等的に 0 のときに限る．$x_0 \leq x_M \leq x_1$ であるから，式(7.26b)から

$$M \leq \left|\int_{x_0}^{x_1} |f(u, y^*) - f(u, y^{**})|du\right| \qquad (7.26c)$$

さらにリプシッツ条件(7.23a)

$$|f(u, y^*) - f(u, y^{**})| \leq K_0|y^* - y^{**}|$$

を用いて

$$M \leq K_0\left|\int_{x_0}^{x_1} |y^* - y^{**}|du\right| \leq K_0 M\left|\int_{x_0}^{x_1} du\right|$$

$$= K_0 M |x_1 - x_0| = K_0 M \times (1/2K_0) = \frac{1}{2}M \qquad (7.26d)$$

を得る．ところで上の式の最左辺と最右辺から $M \leq \frac{1}{2}M$，すなわち $M \leq 0$ を得るが，仮定により(M は絶対値をとった関数の，区間 $x_0 \leq x \leq x_1$ における最大値であったから)$M \geq 0$ でなければならない．したがって，少なくともこの区間では $M = 0$，すなわち $x_0 \leq x \leq x_1$ において

$$y^*(x) = y^{**}(x) \qquad (7.27)$$

であることが導かれた．

この議論のはじめのところで，区間の幅を $1/(2K_0)$ と与えたことに何か

作為的なものを感じた読者もいるであろう．しかし上の過程を振り返ってみれば，区間の幅は $1/(3K_0)$ でも $9/(10K_0)$ でも構わなかったはずである．一般に区間の幅が r/K_0 であれば，式(7.26d)から $M \leq rM$，すなわち，$(1-r)M \leq 0$ となるから，$r<1$ と選んでおけば $M \leq 0$ が導かれ，前と同様にして $M=0$ となる．したがって r を1よりほんのわずか小さく選んでおけば，最も広い範囲で一意性が示されることになる．

2つの解 y^*, y^{**} が区間 $x_0 \leq x \leq x_1$ の外でも一致することは次のようにして示される．まず y^*, y^{**} はともに微分方程式の解であり，式(7.27)から $x=x_1$ で $y^*(x_1)=y^{**}(x_1)$ を満たす．そこでふたたび x_1 から $x_2 \equiv x_1+1/(2K_0)$ の区間を考えて(図 7.10 を参照)，上と同様に議論すればこの区間内での解の一意性が導かれる．

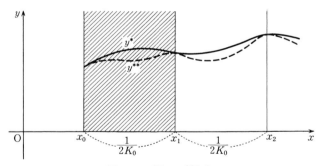

図 7.10 解のつぎたし

ここでは区間の幅 $1/(2K_0)$ が x によらなかったことがポイントであって，これをつぎつぎと繰り返していけば，有限回の"つぎたし"で，考えている領域全体での解の一意性が示される．つぎたしというとスマートさに欠けるような印象をもつかもしれないが，各区間の端では y の値も y' の値(f が連続であるから)も一致しているから，解曲線は実はなめらかにつながっている．

リプシッツ条件が成り立てば，解が一意となることを示すことができた．しかし，その逆は必ずしも成り立たない．たとえば

ポイント7●リプシッツの条件とは

$$y' \equiv \frac{dy}{dx} = \frac{1}{y} \tag{7.28}$$

は変数分離形に変形して積分すると

$$y\,dy = dx$$
$$\therefore\ y^2 = 2x + C \quad (C\text{は積分定数})$$

となり，初期点(x_0, y_0)を通る解は

$$y^2 = y_0^2 + 2(x - x_0) \tag{7.29}$$

となる．もとの微分方程式(7.28)では$y=0$でのy'は定義されていなかったが，解(7.29)を微分すると$yy'=1$となるから$y=0$で$y'=\infty$となって式(7.28)の右辺と矛盾がない．そこで$y=0$も含むように拡張して解曲線を定義しておけば，解はいたるところ連続で一意的に決まる．しかし，十分0に近いy_1をとると

$$|f(x, y) - f(x, y_1)| = \left|\frac{1}{y} - \frac{1}{y_1}\right| = \frac{|y_1 - y|}{|y||y_1|} \gg K_0|y - y_1|$$

となるので，リプシッツ条件は成り立っていない．

すなわち，リプシッツ条件は解の一意性が成り立つための十分条件にすぎなかったのである．

　理工系の学生が扱っている微分方程式のほとんどすべては自然の中の特定の現象をモデル化し数学的に表現したものであって，解こうとする対象がある限り解の存在を疑う余地はほとんどない．最近では，もし微分方程式の解が微積分の計算できれいな形にまとめられなくても，コンピュータで数値計算を行なうことによりかなり詳しく様子を知ることができるようになっている．したがっていずれの方法でも解がまったく得られない場合にはむしろ微分方程式や初期条件そのものを見直す必要があろう．

　これに対して得られた解の振舞いに疑問があれば，まず解の一意性を確かめてみるのがよい．それにはリプシッツ条件が役に立つ．幸いにして解の一意性が保証されれば，あとはどんな方法でもよいから解を作ってしまえばそれが唯一無二のものとなるのである．それでも解が不自然であれば，次の段階として微分方程式の適切な修正を考えればよい．

ポイント 8

グリーン関数の考え方

　数理物理ではグリーン関数という名前をよく聞くのだが，どうも数式の面倒なところが目立ってしまい馴染みにくい．ここでは計算のわずらわしさを極力避け，その雰囲気だけでもつかんでみよう．
　これまでは考えている系の「特定の原因に対する結果」をおもに議論していたが，こんどはその系が持つ「原因と結果の一般的な特徴」を捕える．この原因と結果の橋渡しをするのがグリーン関数である．前者の言わば「一問一答」に対して，グリーン関数は一般にその「人となり」を知ろうとしていると思えばよい．

境界条件のある方程式を解く

これまで扱った多くの問題では、まず与えられた微分方程式の一般解を求め、つぎに解に含まれる積分定数を初期条件や境界条件によって決定した。いま、境界条件から解を決定する例として、両端が固定された弦の力学的な釣り合いの形を考えてみよう(図 8.1)。

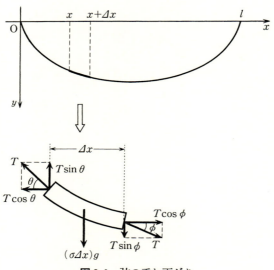

図 8.1 弦の垂れ下がり

図 8.1 に示したように、弦の変形する前の長さは l、単位長さ当たりの密度は σ、弦に働く張力は T であるとする。また、弦は $x=0, l$ で固定され、自分自身の重みによってほんのわずか撓(たわ)んでいるとする。弦の上で位置 x にある微小部分 $\varDelta x$ を 1 つの代表的な部分と考えて力の釣り合いの方程式を導いてみる。

この部分に働く重力は、重力加速度を g として下向きに $(\sigma\varDelta x)g$ である。これに対して張力の鉛直成分は、微小部分 $\varDelta x$ の左端 x では上向きに

$$T\sin\theta \fallingdotseq T\tan\theta = T\frac{dy(x)}{dx} \qquad (ただし、\theta \ll 1)$$

右端 $x+\Delta x$ では下向きに

$$T \sin \phi \fallingdotseq T\frac{dy(x+\Delta x)}{dx} \qquad (ただし,\ \phi \ll 1)$$

である．ただし下向きに y 軸の正の方向を選んである．

したがって，微小部分 Δx にかかる張力の鉛直成分は，これらの差をとって下向きに

$$T\frac{dy(x+\Delta x)}{dx} - T\frac{dy(x)}{dx} \fallingdotseq T\frac{d^2y(x)}{dx^2}\Delta x + \cdots$$

である（ここで Δx が小さいと仮定して，左辺第1項を x のまわりでテイラー展開した）．結局，力の釣り合いの式は

$$T\frac{d^2y(x)}{dx^2}\Delta x + (\sigma \Delta x)g = 0$$

すなわち

$$\frac{d^2y(x)}{dx^2} = -f_0, \qquad f_0 = \frac{\sigma g}{T} \tag{8.1}$$

と表わされる．両端が固定されているときの境界条件は

$$x = 0, l\ \ \text{で}\ \ y = 0 \tag{8.2}$$

である．

方程式 (8.1) で f_0 が定数の場合には，x について単純に2回積分すればよい．これにより

$$y = -\frac{1}{2}f_0 x^2 + C_1 x + C_2$$

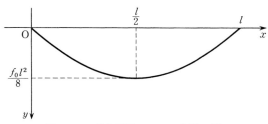

図 8.2 一様な荷重のかかった弦の形

となる．条件(8.2)をあてはめると

$$C_2 = 0, \quad C_1 = \frac{1}{2}f_0 l$$

となるから，解は

$$y = \frac{1}{2}f_0 x(l-x) \tag{8.3}$$

となる．解の形を図8.2に示す．

上の解法は簡単ではあるが，もし密度 σ が弦の場所ごとに異なる場合には，式(8.1)の右辺も x の関数となるから，一般には

$$\frac{d^2y}{dx^2} = -f(x) \tag{8.4}$$

の形の微分方程式を考えておく必要がある．この場合にも，

$$y = -\int^x \int^u f(v) dv du \tag{8.5}$$

と書くことはできる．しかし，$f(x)$ が具体的に与えられない限り積分を実行したり境界条件をあてはめたりすることはできない．また $f(x)$ が与えられるたびに2重積分を繰り返し実行するのは効率が悪い．

あらかじめ計算できるところは実行しておいて，あとは具体的に $f(x)$ が与えられるのを待つだけというふうにできないものか．そこで登場するのが**グリーン関数**(Green's function)と呼ばれる関数である．イギリスの数学者・物理学者であるグリーン(G. Green)が1828年の論文で導入した．

グリーン関数のイメージ

いま，図8.3(a)のように，$x=0, l$ で固定した弦の上の1点P$(x=u)$だけに力 f_0 が集中していたとする．これにより弦は $x=u$ で，ある大きさ y_0 だけ変位し，その両側は図のように折れ線的に変位する．図8.3(b)から，任意の位置 x における弦の変位 y は次のように表わされる．

まず $x \leqq u$ では $\triangle$OPR と $\triangle$OP$_1$R$_1$ の相似性から

$$\frac{y}{x} = \frac{y_0}{u}, \quad \therefore \quad y = \frac{x}{u}y_0 \tag{8.6a}$$

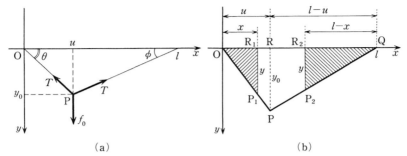

図 8.3 (a) 集中した力と (b) それによる任意の位置での変位

また，$x \geqq u$ では $\triangle \mathrm{QPR}$ と $\triangle \mathrm{QP_2R_2}$ の相似性から

$$\frac{y}{l-x} = \frac{y_0}{l-u}, \quad \therefore \quad y = \frac{l-x}{l-u}y_0 \tag{8.6b}$$

となる．ところで，弦の変位は微小であると仮定しているから，張力 T の水平方向の成分はほぼ釣り合っている．また，鉛直方向の力の合力は $\theta \ll 1$, $\phi \ll 1$ として

$$T \sin\theta + T \sin\phi \fallingdotseq T(\tan\theta + \tan\phi)$$
$$= T\left(\frac{y_0}{u} + \frac{y_0}{l-u}\right) = \frac{Tly_0}{u(l-u)}$$

であり，これが f_0 と等しい．これから

$$y_0 = \frac{u(l-u)}{l} \times \frac{f_0}{T} \tag{8.7}$$

となる．以下では，$f_0/T = 1$ となるように，張力 T の大きさを単位として力 f_0 を測ることにする．このとき，式 (8.7) を (8.6a, b) に代入して

$$y \equiv G(x, u) = \begin{cases} \dfrac{x(l-u)}{l} & (0 \leqq x \leqq u) \tag{8.8} \\[2mm] \dfrac{u(l-x)}{l} & (u \leqq x \leqq l) \tag{8.9} \end{cases}$$

を得る．これは

「単位の大きさの力が 1 点 $x=u$ だけに集中して働いたときに，領

域内の任意の位置 x での変位を表わす」

ものである．$G(x, u)$ をこの問題のグリーン関数と呼ぶ．

位置 $x=u$ に $f_0=1$（単位）の力が働く場合の変位が $G(x, u)$ であるから，$x=v$ に $f(v)$ の力が働く場合の変位は $f(v)G(x, v)$ と表わされる．それでは $x=u_1, u_2$ の 2 点に集中した力（大きさをそれぞれ f_1, f_2 とする）が同時に働いた場合はどうなるであろうか．ふたたび水平に張った糸におもりをぶら下げたときの弦の形を想像してみればよい．

第 1 のおもりによって糸が折れ線のように変位し，固定した弦の両端を斜辺とする 3 角形ができる．変位 $y_1 \equiv f_1 G(x, u_1)$ は小さいと仮定しているので，弦は依然として x 軸にほぼ平行である．これに第 2 のおもりを付けると，このときの変位は第 1 のおもりによって生じた変位 y_1 を釣り合いの位置として，そこからさらに $y_2 \equiv f_2 G(x, u_2)$ だけ変位したものとなる（図 8.4 参照）．この結果は，方程式が線形であることによっている．

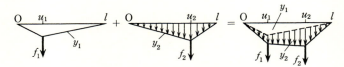

図 8.4 集中した力による変位の重ね合わせ

いくつもの点 u_i $(i=1, 2, \cdots, N)$ にそれぞれ $f(u_i)$ の力が働く場合も同様にして，これらに対応した変位をすべて加え合わせたものとなると考えられる．すなわち，つぎのように表わされる．

$$y = \sum_{i=1}^{N} f(u_i) G(x, u_i)$$

さらに一般に，図 8.5(a) のように力が連続的に分布している場合には，①まず，弦を微小な区間に分割し，②1 つの微小区間（$x=u$ の近くの微小区間を du とする）にだけ $f(u)$ の大きさの力が集中して働いていると考え，③それによる変形を求め（図 8.5(b) の $f(u)G(x, u)$ のような形），④これらをすべて重ね合わせる．

これによって y は図 8.5(b) のような折れ線をすべて加え合わせた破線

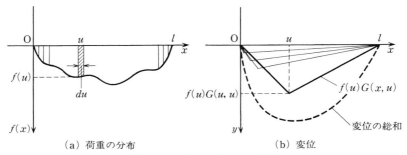

(a) 荷重の分布　　　(b) 変位

図 8.5 分布した力による変位

のような曲線となるに違いない．式で表わすと

$$y = \int_0^l f(u) G(x, u) du \tag{8.10}$$

である．このように直感的ではあるが，1 点に集中した力による変位——これがグリーン関数である——を重ね合わせる（積分する）ことにより，一般に分布を持った力による変位を表わす公式(8.10)が導かれた．式(8.10)が本当に微分方程式(8.4)や条件(8.2)を満たしているかどうかはのちに確認する．

グリーン関数の性質

弦の 1 点に集中した力による変位はグリーン関数(8.8), (8.9)によって表わされた．このグリーン関数の持っている性質を調べてみよう．

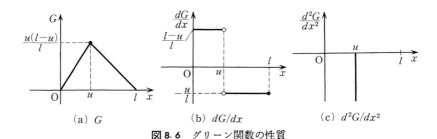

(a) G　　　(b) dG/dx　　　(c) d^2G/dx^2

図 8.6 グリーン関数の性質

まず，$G(x, u)$は折れ線になっているので，値そのものは$x=u$でつながっているが(図8.6(a)参照)，勾配dG/dxには跳びがある(図8.6(b))．

勾配の跳びは$x=u$の前後で

$$\left.\frac{dG}{dx}\right|_{u+0} - \left.\frac{dG}{dx}\right|_{u-0} = -\frac{u}{l} - \frac{l-u}{l} = -1 \tag{8.11}$$

である．ここで$u+0$はxをuより大きい方から，また$u-0$はuより小さい方からuに近づけることを意味する．dG/dxをさらに微分したものは

$$\frac{d^2G}{dx^2} = \begin{cases} 0 & (x \neq u) \\ -\infty & (x = u) \end{cases} \tag{8.12a}$$

となっている(図8.6(c)参照)．逆に式(8.12a)を$x=u$を含む区間$0 \leq x \leq l$で積分したものは

$$\int_0^l \frac{d^2G}{dx^2} dx = \left.\frac{dG}{dx}\right|_{u+0} - \left.\frac{dG}{dx}\right|_{u-0} = -1 \tag{8.12b}$$

を満たす．ただし式(8.11)を用いた．したがってGは

(ⅰ) $x \neq u$では，同次の微分方程式

$$\frac{d^2G}{dx^2} = 0 \tag{8.13a}$$

を満たす
(ⅱ) $x=u$でGの値は連続である (8.13b)
(ⅲ) $x=u$でGの微分係数は(-1)の跳びがある (8.13c)
(ⅳ) yと同じ境界条件($x=0, l$で$G=0$)を満たす (8.13d)

などの性質を持っている．

デルタ関数とヘヴィサイド関数

グリーン関数を用いて微分方程式を扱うときに，デルタ関数，ヘヴィサイド関数と呼ばれる特別な関数を導入すると便利である．この2つの関数がどのようなものか，またどのような役割を果たすのかを以下で説明しよう．

式(8.12a, b)は，図8.7の破線で示した関数

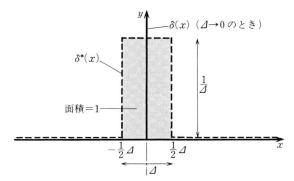

図 8.7 ディラックのデルタ関数

$$\delta^*(x) = \begin{cases} 1/\varDelta & \left(|x| \leqq \frac{1}{2}\varDelta\right) \\ 0 & \left(|x| > \frac{1}{2}\varDelta\right) \end{cases} \quad (8.14)$$

において，$\varDelta \to 0$ の極限をとった関数を用いて表わされる．

　関数 $\delta^*(x)$ は幅が $\varDelta$ の部分でだけ高さが $1/\varDelta$ という値をもつので，積分値(図のカゲをつけた部分の面積)は極限をとるかどうかとは無関係につねに 1 になっている．

　$\varDelta \to 0$ とすればこのカゲをつけた部分は幅が 0 で(面積は 1 となるように)高さが無限大の縦長の長方形に近づいていく．このような形をした $\varDelta \to 0$ の極限の関数をディラックの**デルタ関数**(delta function)と呼び，$\delta(x)$ と書く．量子力学の発展に貢献したイギリスの物理学者ディラック(P. A. M. Dirac)が導入したものである．

$$\delta(x) = \lim_{\varDelta \to 0} \delta^*(x) \quad (8.15)$$

これを用いると，式(8.12a, b)は

$$\frac{d^2 G}{dx^2} = -\delta(x-u) \quad (8.16)$$

と書ける．

　関数 $y = \delta^*(x)$ は式(8.14)で定義されたが，これを $-\infty < x < +\infty$ の範囲

で積分していくと $x=-\frac{1}{2}\varDelta$ から次第に面積が増加し，$x=\frac{1}{2}\varDelta$ で積分値が1になる．図8.8 では近似関数 $\delta^*(x)$ を積分したものを $H^*(x)$ として破線で示した．

ここで $\varDelta\to 0$ としていくと $H^*(x)$ の0から1に変化する部分の幅が次第に小さくなっていき，ついには $x=0$ で階段のように急激に0から1に変化する関数となる．これを**ヘヴィサイド関数**(Heaviside's function)と呼び，$H(x)$ と表わす．すなわち

$$H(x) = \int_{-\infty}^{x} \delta(u)du = \begin{cases} 0 & (x<0) \\ 1 & (x\geqq 0) \end{cases} \tag{8.17}$$

である（図 8.8 の実線）．また逆に $dH/dx=\delta(x)$ が成り立つ．

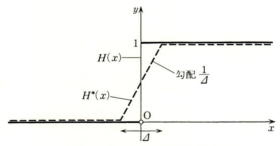

図 8.8 ヘヴィサイド関数 $H(x)$

デルタ関数に任意の連続な関数 $f(x)$ を掛けた積分

$$I = \int_{a}^{b} f(x)\delta(x-u)dx$$

に着目しよう．ただし $a<u<b$ とする．まず $H'(x)=\delta(x)$ であることに注意して部分積分を行なうと

$$I = \int_{a}^{b} f(x)H'(x-u)dx = \Big[f(x)H(x-u)\Big]_{a}^{b} - \int_{a}^{b} f'(x)H(x-u)dx$$

となる．さらに，$H(b-u)=1$, $H(a-u)=0$, $a<x<u$ で $H(x-u)=0$ などから

$$I = f(b) - \int_{u}^{b} f'(x)dx$$

$$= f(b) - \Big[f(x)\Big]_u^b = f(b) - (f(b) - f(u)) = f(u)$$

すなわち,

$$\int_a^b f(x)\delta(x-u)dx = f(u) \tag{8.18}$$

となる.つまり $\delta(x-u)$ という関数そのものは $x=u$ で無限大の値を持っていたが,これに任意の連続な関数 $f(x)$ を掛けて積分すると,$f(x)$ の $x=u$ での値が選び出されるのである.

グリーン関数を用いた解

ここで,非同次微分方程式

$$\frac{d^2y}{dx^2} = -f(x) \tag{8.4}$$

の解が

$$y = \int_0^l f(u)G(x,u)du \tag{8.10}$$

で与えられることを示そう.ただし,$G(x,u)$ は方程式(8.4)の右辺をデルタ関数で置き換えた微分方程式

$$\frac{d^2G}{dx^2} = -\delta(x-u) \tag{8.16}$$

および性質(8.13b〜d)を満たす解であった.そこで,式(8.10)を x で2回微分して,式(8.16),(8.18)を考慮すると

$$\frac{d^2y}{dx^2} = \int_0^l f(u)\frac{d^2}{dx^2}G(x,u)du$$

$$= -\int_0^l f(u)\delta(x-u)du = -f(x)$$

となる.したがって,式(8.10)の y は非同次微分方程式(8.4)の特解になっている.

上で述べた過程をよく眺めてみると,式(8.4)の左辺の微分演算子 d^2/dx^2 を一般の線形微分演算子 L に拡張しても同じであることに気がつくであろ

う．したがって，

> 区間 $[0, l]$ で次の非同次微分方程式
> $$L[y] = -f(x)$$
> および与えられた境界条件を満たす関数 y を求めよ，という問題が与えられたとすると，これに対する答えは，同じ区間内で
> $$L[G(x, u)] = -\delta(x-u)$$
> および同じ境界条件を満たすような関数 $G(x, u)$ を用いて
> $$y = \int_0^l f(u) G(x, u) du$$
> で与えられる．

なぜなら上式に L を作用させると，前と同様に
$$L[y] = \int_0^l f(u) L[G(x, u)] du$$
$$= -\int_0^l f(u) \delta(x-u) du = -f(x)$$

となるからである．

グリーン関数を求める手順

これまで述べてきたやり方を振り返りながらグリーン関数を求める手順を確認しよう．

まず，式 (8.8), (8.9) のグリーン関数 $G(x, u)$ は微分方程式 (8.16) を満たしていた．この方程式は $x \neq u$ では式 (8.13a) となるから，これを x で 2 回積分し，一般解が
$$G = Ax + B \quad (A, B は任意の積分定数)$$
の形であることがわかる．さて，条件 (8.13c) を満たすためには，$x = u$ の前後で定数 A, B の値が異なる必要がある．さもないと G は $0 \leq x \leq l$ で同一の関数になり，$x = u$ で微分係数に跳びを生じない．そこで
$$G = \begin{cases} C_1 x + C_2 & (0 \leq x \leq u) \\ C_3 x + C_4 & (u \leq x \leq l) \end{cases}$$

と置く．ここで C_1, C_2, C_3, C_4 は任意の定数である．これらは

条件(8.13b)：$C_1 u + C_2 = C_3 u + C_4$

条件(8.13c)：$C_3 - C_1 = -1$

境界条件(8.13d)：$C_2 = 0, \quad C_3 l + C_4 = 0$

を満たすように決める．これにより

$$C_1 = \frac{l-u}{l}, \quad C_2 = 0, \quad C_3 = -\frac{u}{l}, \quad C_4 = u$$

となる．これはグリーン関数(8.8), (8.9)と一致する．

これまで両端が固定された弦の問題を例にとって，グリーン関数がどういうものかを見てきた．しかし，グリーン関数は無限に広い区間を考える問題においても，同じように定義することができる．つぎの微分方程式を解いてみよう．

---- 例題 1 ----

つぎの微分方程式をグリーン関数を用いて解け．

$$\frac{d^2 y}{dx^2} - k^2 y = -f(x) \tag{8.19}$$

ただし，境界条件は

$$x \to \pm\infty \quad \text{で} \quad y \to 0 \tag{8.20}$$

とする．また，$|f(x)| < \infty$ とする．

［解］これまでに述べてきた手順にしたがって，グリーン関数を求める．式(8.19)の同次微分方程式の解は $y = \exp(\pm kx)$ であるから，境界条件を考慮して

$$G(x, u) = \begin{cases} C_1 e^{kx} & (-\infty < x \leq u) \\ C_2 e^{-kx} & (u \leq x < \infty) \end{cases} \tag{8.21}$$

と選ぶ（ただし $k > 0$ とする）．$x = u$ で G は連続であるから

$$C_1 e^{ku} = C_2 e^{-ku}$$

また，$x = u$ での dG/dx の跳びが (-1) であるから

$$-kC_2 e^{-ku} - kC_1 e^{ku} = -1$$

となる. この2式から
$$C_1 = e^{-ku}/(2k), \quad C_2 = e^{ku}/(2k)$$
を得る. C_1, C_2 を式(8.21)に代入すればグリーン関数は
$$G(x, u) = \begin{cases} e^{k(x-u)}/(2k) & (-\infty < x \leq u) \\ e^{-k(x-u)}/(2k) & (u \leq x < \infty) \end{cases} \quad (8.22\text{a})$$
$$= \frac{1}{2k} e^{-k|x-u|} \quad (8.22\text{b})$$
のように決定される. これから微分方程式(8.19)の解は
$$y(x) = \frac{1}{2k} \int_{-\infty}^{\infty} e^{-k|x-u|} f(u) du \quad (8.23)$$
と表わされる.

方程式(8.19)は, 1次元的な熱伝導や拡散現象を支配する方程式を解くときに現れる. また, 方程式(8.19)で $-k^2$ の代わりに k^2 となっている(したがって k を ik とした)ものはヘルムホルツ型の方程式と呼ばれ, 波動方程式や粒子の散乱問題などにもしばしば登場する.

グリーン関数の例はまだまだいくらでもある. ポイント3 で扱った2階の非同次方程式
$$\frac{d^2y}{dx^2} + p(x)\frac{dy}{dx} + q(x)y = f(x) \quad (3.17)$$
の特解は
$$y = -y_1(x) \int_b^x \frac{y_2(u)f(u)}{W(u)} du + y_2(x) \int_a^x \frac{y_1(u)f(u)}{W(u)} du \quad (3.24)$$
と表わされていた. ただし, y_1, y_2 は同次方程式の2つの独立な解である. また, W は
$$W = y_1 y_2' - y_2 y_1' = \begin{vmatrix} y_1 & y_2 \\ y_1' & y_2' \end{vmatrix} \quad (3.23)$$
で定義されるロンスキアンであった. 特解(3.24)もグリーン関数
$$G(x, u) = \begin{cases} y_1(u)y_2(x)/W(u) & (a \leq u \leq x) \\ y_1(x)y_2(u)/W(u) & (x \leq u \leq b) \end{cases} \quad (8.24)$$
を使って

$$y = \int_a^b G(x,u)f(u)du \tag{8.25}$$

と表わせる.

ポイント 5 で考えた強制振動の問題では,方程式

$$y'' + \omega^2 y = f(t) \quad (\text{ただし } f(t) \text{は強制力}) \tag{5.69}$$

を, $t=0$ で $y(0)=y'(0)=0$ という条件下で解いた. その結果, 解は

$$y(t) = \frac{1}{\omega} \int_0^t f(u)\sin(\omega(t-u))du$$

と求められた. この式も

$$G(t,u) = \begin{cases} \sin(\omega(t-u))/\omega & (0 \leq u \leq t) \\ 0 & (t \leq u < \infty) \end{cases} \tag{8.26}$$

を使って

$$y(t) = \int_0^\infty G(t,u)f(u)du \tag{8.27}$$

とまとめられる. 式(8.26)の $G(t,u)$ もグリーン関数である.

　紙数の都合でここでは1次元の説明しかできなかったが,数理物理学でよく現れる2次元や3次元の問題に対するグリーン関数も同様にして扱うことができる. 後者の場合にはデルタ関数の概念も2次元や3次元的なものに拡張しておかなければならない.

　たとえば3次元の場合には,ここで述べた1次元のデルタ関数を x 軸,y 軸,z 軸の3つの方向にも同時に考え,これらの積 $\delta(x)\delta(y)\delta(z)$ で表わされるものを考える. したがって,3つのデルタ関数が共に0でない空間の1点だけで,無限大の値をもつが,領域全体において体積積分するとその値が1になっているようなものを考えるのである.

　このような場合のグリーン関数は,空間の1点だけに集中したある単位の大きさの力が原因となって作られる変位を表わすものとなる. これは必ずしも力である必要はなく,<u>扱っている問題に現れる特定の物理量が"ある単位の大きさだけ集中して"置かれているときの影響を表わすもの</u>がグリーン関数である. たとえば電荷によって作られる電場では,1点に集中

した単位電気量が原因となって作り出される電場を表わすものがグリーン関数となる．

いずれにしても，ひとたびグリーン関数が求められると，変位や電場などの原因となるものが分布しているときの総合的な影響が，それぞれの原因の各部分からの寄与の重ね合わせによって直ちに求められる．これは方程式が線形であることによる．このように，グリーン関数はその系の持つ固有の特徴を表わし，原因と結果を一般的に結びつける，いわば橋渡しの役目をするものと言えよう．

ポイント A

解の重ね合わせと線形性

　2階以上の微分方程式では複数個の独立な解が現れる．そのとき，一般にはこれらの解を加え合わせたものも解になっているとして取り扱っている．しかし，それが正しいかどうかは大きな問題である．いくつかのポイントで強調したように，この「重ね合わせ」の性質が成り立つかどうかは，方程式の「線形性」と密接に関係している．ここではこれまで暗黙のうちに使っていた「線形性」について，もう一度考えてみよう．

ポイントA ◉ 解の重ね合わせと線形性

解の重ね合わせ

これまでさまざまな微分方程式について，解の求め方を中心にポイントを説明してきた．その中でしばしばでてきた概念として「線形」「同次」「独立」がある．この ポイント では，それらの意味をもう少しほり下げて調べてみよう．まず，「線形」について考える．

ポイント 4 でも紹介した単振動を表わす微分方程式は

$$\frac{d^2y}{dx^2} = -y \tag{A.1}$$

の形をしていた．この方程式は，

$$y_1 = C_1 \sin x \tag{A.2}$$
$$y_2 = C_2 \cos x \tag{A.3}$$

のどちらによっても満たされている．ただし C_1, C_2 は任意の定数である．また，これらを加え合わせた

$$y = y_1 + y_2 = C_1 \sin x + C_2 \cos x \tag{A.4}$$

をもとの方程式(A.1)に代入すると

$$\frac{d^2y}{dx^2} = (C_1 \sin x + C_2 \cos x)'' = -C_1 \sin x - C_2 \cos x = -y$$

となり，やはり解になっている．

このように，いくつかの解を加え合わせたものがまた解になっているとき，解の **重ね合わせ**(superposition)が可能であるという．またこのような性質を持つ方程式を **線形**(linear)であるという．

線形性

では，線形とは何であろうか．実は線形であるかどうかということは，微分方程式の解が重ね合わせ可能となっているかどうかということ以前の問題であって，これとは切り離して一般に議論することができる．

たとえば，x の関数 $y_1(x), y_2(x)$ をそれぞれ C_1, C_2 倍して加え合わせた

$$y(x) = C_1 y_1(x) + C_2 y_2(x) \tag{A.5}$$

を考える．ここで C_1, C_2 は任意の定数である．この式を x で微分すると

$$\frac{dy}{dx} = \frac{d}{dx}(C_1 y_1 + C_2 y_2) = C_1 \frac{dy_1}{dx} + C_2 \frac{dy_2}{dx} \tag{A.6}$$

となる．これは ポイント 1 の式(1.10)で述べた微分演算の性質である．このように，ある演算が

> (1) 定数倍するという演算と順序を交換してもよい
> (2) 和をとるという演算と順序を交換してもよい

の2つの性質を満たすとき，その演算は**線形**であるという．

「線形」のイメージをつかむためには，つぎのような例を考えるとわかりやすい．いまマイクロホンとスピーカーの音声のように，入力に対して何らかの出力をするものを考えてみよう．簡単のために，この装置は，入力を A 倍する（A は定数）というもっとも簡単な演算を行なうものとする．入力を y，出力を z として，両者の関係を式で書くと

$$z = Ay \tag{A.7}$$

となる．この関係は正比例の関係である．入力が y_1 なら出力は Ay_1 となる．入力が C 倍の Cy_1 になれば，出力も C 倍の $C(Ay_1)$ になる．これに対して，スピーカーの装置がつぎのような演算

$$z = y^2 \tag{A.8}$$

を行なっていたらどうであろう．入力 y_1 に対して出力は y_1^2，また入力 Cy_1 に対する出力は $(Cy_1)^2 = C^2 y_1^2$ となって，後者は前者の C 倍になっていない．これは，大きな声を出したらスピーカーの声がゆがんでしまうことに対応する．このような演算は**非線形**(nonlinear)であるという．「線形」の"線"とは"面"や"体積"に対比した言葉ではなく，"曲線"と対比したときの"直線"の意味である．直線関係の意味で線形と呼ばれる．

入力の和についても同様である．図 A.1(a)に示したように，線形演算(A.7)では入力 y_1 と y_2 とを合わせたもの $y_1 + y_2$ に対する出力は $Ay_1 + Ay_2$ のように，それぞれの出力 Ay_1 と Ay_2 の和となっている．これに対して非線形演算(A.8)ではこれが成り立たない（図A.1(b)参照）．すなわち，非

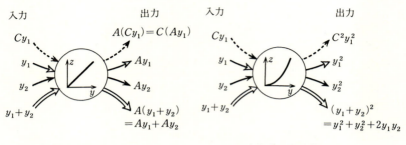

(a) 線形演算 $z = Ay$　　　(b) 非線形演算 $z = y^2$

図 A.1

線形演算(A.8)は，和をとる演算とは順序の交換が可能ではない．

さて，微分演算 dy/dx は線形演算の 1 つであると述べた．これを何回も繰り返す演算はどうだろうか．たとえば式(A.6)をさらに微分したものは

$$\frac{d^2 y}{dx^2} = \frac{d^2}{dx^2}(C_1 y_1 + C_2 y_2) = C_1 \frac{d^2 y_1}{dx^2} + C_2 \frac{d^2 y_2}{dx^2} \quad (A.9)$$

を満たすので線形演算である．同様にして高階の微分演算やこれらの組み合わせ

$$\frac{d^3 y}{dx^3}, \quad \frac{d^4 y}{dx^4}, \quad \cdots, \quad a\frac{d^2 y}{dx^2} + b\frac{dy}{dx} + cy$$

(a, b, c は定数)なども，すべて線形の演算である．

さらに上式の最後の式で a, b, c が x の関数であってもよい．たとえば

$$\frac{d^2 y}{dx^2} + x\frac{dy}{dx} + x^3 y$$

に $y = C_1 y_1 + C_2 y_2$ を代入すると

$$(C_1 y_1 + C_2 y_2)'' + x(C_1 y_1 + C_2 y_2)' + x^3(C_1 y_1 + C_2 y_2)$$
$$= C_1(y_1'' + xy_1' + x^3 y_1) + C_2(y_2'' + xy_2' + x^3 y_2)$$

したがって，線形性が満たされている．

このように $y(x), y'(x), y''(x), \cdots$ などについて 1 次式であるなら，その前の係数に x などが含まれていてもよい．線形性は微分方程式の階数(微分の演算回数がもっとも高い項の微分演算の数)や方程式に現れる係数とは無関係なのである．

さて，dy/dx は微分係数であるが，この演算の部分 d/dx だけを指して**微分演算子**(differential operator)と呼ぶことはまえにも述べた．関数 y に「微分演算子 d/dx を掛ける(あるいは作用させる)」とは，微分係数 dy/dx を計算するのと同じ意味である．

上で見たような線形の微分演算子(あるいはその組み合わせ)の部分だけに注目して

$$\frac{d}{dx}, \quad \frac{d^2}{dx^2}, \quad \cdots, \quad a\frac{d^2}{dx^2}+b\frac{d}{dx}+c, \quad \frac{d^2}{dx^2}+x\frac{d}{dx}+x^3$$

などを取り出し，その1つ1つを一般に L と書くと(これは線形の演算子 linear operator の頭文字の L をとったものである)，上で述べたことは

$$L[C_1y_1+C_2y_2] = C_1L[y_1]+C_2L[y_2] \tag{A.10}$$

という式にまとめられる．これが，演算子の線形性を数式により一般的に表わしたものである．

微分方程式の解の重ね合わせには方程式の線形性が前提条件となる．すなわち，y_1, y_2 が微分方程式 $L[y]=0$ を満たしているならば，これらを重ね合わせた $C_1y_1+C_2y_2$ も

$$L[C_1y_1+C_2y_2] = C_1L[y_1]+C_2L[y_2] = 0$$

となって，やはり解になっている．これに対して，たとえばつぎの微分方程式を考えてみよう．

---- **例題 1** ----

$$y'^2-4y = 0 \tag{A.11}$$

の解について調べよ．

[解] この方程式は，

$$y' = \pm 2\sqrt{y} \quad (y>0)$$

と同じであるから，

$$\frac{1}{\sqrt{y}}dy = \pm 2dx$$

と変数分離したのち，両辺をそれぞれの変数で積分し

$$y = (x+C)^2 \qquad (A.12)$$

を得る（C は任意の積分定数）．これが一般解である．

この場合には，たとえ1つの解 $y_1 = x^2$ が求められたとしても，それを定数倍した $y = C_1 y_1 = C_1 x^2$ は

$$y' = 2C_1 x, \quad \therefore \quad y'^2 = 4C_1^2 x^2 = 4C_1 y$$

となって，方程式(A.11)の解にはなっていない（定数 $C_1 = 1$ という場合ははじめに考えた解と同じであるから除外する）．また2つの解（たとえば $y_1 = x^2$ と $y_2 = (x+1)^2$ とする）の和が解になることもない．

上のような場合には，解の重ね合わせができない．これは，方程式が非線形であったからである．

微分方程式を数式のままで厳密に解くことを**解析的**(analytic)に解くというが，非線形の微分方程式を解析的に解くことは一般には大変難しい．本書で扱ってきた問題も大部分は線形の微分方程式であった．

同次方程式と非同次方程式

つぎに，「同次」の意味について考えよう．

まず，2つの微分方程式を比較してみよう．

$$\frac{dy}{dx} = ay \qquad (A.13)$$

$$\frac{dy}{dx} = ay + b \qquad (A.14)$$

ここで，a と b は定数である．いま y を定数倍，たとえば2倍してみると，式(A.13)では

$$\text{左辺} = \frac{d}{dx}(2y) = 2\frac{dy}{dx}, \quad \text{右辺} = a(2y) = 2ay$$

となり，両辺を2で割ればもとの式と何ら変わるところがない．

これに対して，式(A.14)では，y を2倍することにより

$$\text{左辺} = \frac{d}{dx}(2y) = 2\frac{dy}{dx}, \quad \text{右辺} = a(2y) + b = 2\left(ay + \frac{1}{2}b\right)$$

となる．両辺を 2 で割れば

$$\frac{dy}{dx} = ay + \frac{1}{2}b \tag{A.15}$$

となり，式(A.14)とは異なったものになってしまう．

　この例のように，未知関数およびその導関数を定数倍したときに，もとの方程式が全体として定数倍になるような方程式を**同次方程式**(homogeneous equation)という．逆に，この性質を持たないものを**非同次方程式**(inhomogeneous equation)，その原因となっている項を**非同次項**(inhomogeneous term)という．式(A.1)や(A.13)は前者の例である．これに対して，式(A.14)は後者の例であり，非同次項はbである．同次のかわりに斉次ということばを使うこともある．

　同次か非同次かという区別は線形か非線形か，あるいはまた何階の微分方程式か，という区別とはまったく別である．たとえば，非線形の微分方程式

$$y'^2 - yy'' = 0 \tag{A.16}$$

では，未知関数 y およびその導関数を定数倍（これを C とする）したときに，もとの方程式が

$$(Cy')^2 - (Cy)(Cy'') = C^2(y'^2 - yy'') = 0$$

のように全体として定数倍（C^2 倍）になっているから同次方程式である．

　一般に，未知関数を C 倍したときに方程式全体が C の何乗倍になるか——すなわち方程式の各項が何個の未知関数やその導関数の積になっているか——によって同次方程式は区別される．式(A.16)では C^2 倍になっているので，2 次の同次方程式と呼ばれる．これに対して式(A.1)や(A.13)は 1 次の同次方程式である．

―― 例題 2 ――

微分方程式(A.14)を解いてみよう．

$$\frac{dy}{dx} = ay + b \tag{A.14}$$

ポイントA◉解の重ね合わせと線形性

[解] これは ポイント 1 で述べたように

$$\frac{dy}{ay+b} = dx$$

と変数分離して,両辺をそれぞれ y, x で積分すればよい.これにより

$$\frac{1}{a}\log|ay+b| = x+C_0 \quad (C_0 は積分定数)$$

$$\therefore \quad y = -\frac{b}{a}+Ce^{ax} \tag{A.17}$$

を得る.ここで $C=\exp(aC_0)/a$ も任意の定数である.右辺第1項は方程式(A.14)の特解であり,第2項は任意定数を含むので式(A.13)の一般解である.

方程式(A.14)はつぎのようにして解くこともできる.まず式(A.14)をじっとながめてみると,左右両辺とも 0 であれば式が満たされることがわかる.すなわち

$$\frac{dy}{dx} = 0, \quad ay+b = 0$$

この2つの式は,

$$y = -\frac{b}{a} \equiv y_\mathrm{p} \tag{A.18}$$

とおけば満たされる.そこで

$$y = y_\mathrm{p}+z \tag{A.19}$$

と仮定して,式(A.14)に代入すると,z の満たすべき方程式は

$$\frac{dz}{dx} = az \tag{A.20}$$

となる.式(A.20)は(A.13)と同じ形であり,解は

$$z = Ce^{ax} \equiv y_\mathrm{h} \tag{A.21}$$

で与えられる(C は任意の定数).

解(A.18)は,もとの非同次微分方程式(A.14)の特解(y_p の p は特解 particular solution を示す)であり,解(A.21)はその同次方程式の一般解(y_h の h は同次解 homogeneous solution を示す)である.これらを式(A.

19)のように加えたものが，前に求めた一般解(A.17)になる．

2階の線形微分方程式でも同様である．まず

$$a(x)\frac{d^2y}{dx^2}+b(x)\frac{dy}{dx}+c(x)y = f(x) \tag{A.22}$$

において，特解 $y_p(x)$ が求められたとする．これは

$$a(x)\frac{d^2y_p}{dx^2}+b(x)\frac{dy_p}{dx}+c(x)y_p = f(x) \tag{A.23}$$

を満たす．そこでまえと同様に

$$y = y_p+z \tag{A.19}$$

という形の解を仮定する．式(A.19)を(A.22)に代入し，式(A.23)を用いて y_p を消去すると，z は

$$a(x)\frac{d^2z}{dx^2}+b(x)\frac{dz}{dx}+c(x)z = 0 \tag{A.24}$$

を満たす．これは非同次方程式(A.22)から非同次項 $f(x)$ を取り除いた同次方程式である．しかも線形であるから，式(A.24)の解 z_1, z_2 が求められたとすれば，これらを重ね合わせた $z=C_1z_1+C_2z_2$ (C_1, C_2 は任意の定数) も方程式(A.24)の解になる．これと式(A.19)から，非同次方程式(A.22)の一般解は

$$y = y_p+C_1z_1+C_2z_2 \tag{A.25}$$

で与えられることになる．2階以上の線形常微分方程式でも同様で，

> （非同次方程式の一般解）
> ＝（その非同次方程式の1つの特解）
> ＋（その方程式から非同次項を除いた同次方程式の一般解）
> $\tag{A.26}$

となる．

解の独立性

最後に，「解の独立性」の概念について考えよう．

ポイントA●解の重ね合わせと線形性

　線形の微分方程式では,「解の重ね合わせ」が可能である. しかし, 重ね合わせられる解の種類や数に何らかの制限がないのだろうか.

　ふたたび線形方程式(A.1)を考えてみよう. この微分方程式の一般解は
$$y = C_1 \sin x + C_2 \cos x \tag{A.4}$$
であった. これに初期条件, たとえば
$$x = 0 \text{ で } y = A, \quad y' = 0$$
を課せば, 定数 C_1, C_2 が決定され
$$y = A \cos x \tag{A.27}$$
を得る. しかし式(A.4)が一般解であるなら, どのような初期条件に対しても定数 C_1, C_2 が適切に決定され, 特解を与えることができなくてはならない. たとえば初期条件が
$$x = x_0 \text{ で } y = A, \quad y' = B \tag{A.28}$$
であったとしよう. このときは
$$y(x_0) \equiv C_1 \sin x_0 + C_2 \cos x_0 = A \tag{A.29}$$
$$y'(x_0) \equiv C_1 \cos x_0 - C_2 \sin x_0 = B \tag{A.30}$$
から定数 C_1, C_2 を決定しなければならない. これは C_1, C_2 を未知数とする連立2元1次方程式である. これが解をもつためには, その係数行列式が0であってはならない.

　そこで実際に式(A.29), (A.30)の係数行列式を計算してみると
$$\begin{vmatrix} \sin x_0 & \cos x_0 \\ \cos x_0 & -\sin x_0 \end{vmatrix} = -1 \tag{A.31}$$
となって0ではない. したがって方程式は解くことができて
$$C_1 = A \sin x_0 + B \cos x_0$$
$$C_2 = A \cos x_0 - B \sin x_0$$
となる. これを式(A.4)に代入して
$$y = A \cos(x - x_0) + B \sin(x - x_0) \tag{A.32}$$
を得る.

ロンスキー行列式

上のプロセスを一般的に書いてみると，つぎのようになる．まず2階の線形微分方程式

$$a\frac{d^2y}{dx^2}+b\frac{dy}{dx}+cy = 0 \tag{A.33}$$

(a, b, c は x の関数でもよい) の解 y_1, y_2 が求められたとする．これから一般解

$$y = C_1y_1+C_2y_2 \tag{A.34}$$

を作る．これに初期条件

$$x = x_0 \text{ で } y = y(x_0) \equiv A, \quad y' = y'(x_0) \equiv B$$

を課すと

$$C_1y_1(x_0)+C_2y_2(x_0) = A$$
$$C_1y_1'(x_0)+C_2y_2'(x_0) = B$$

となる．これから C_1, C_2 が決まるためには係数からなる行列 $W(x_0)$ が

$$W(x_0) \equiv \begin{vmatrix} y_1(x_0) & y_2(x_0) \\ y_1'(x_0) & y_2'(x_0) \end{vmatrix} = y_1y_2'-y_2y_1' \neq 0 \tag{A.35}$$

でなければならない．考えている x の領域内のどこにおいても特解が決められるためには，これがその領域内のすべての点 x_0 で成り立つべきである．したがって，式(A.35)の x_0 を x と書き直した

$$W(x) \equiv y_1(x)y_2'(x)-y_2(x)y_1'(x) \neq 0 \tag{A.36}$$

が，解 y_1, y_2 の重ね合わせによって一般解が与えられるための判定基準となる．ここで W は，これまでにも何度か登場したが，**ロンスキー行列式**，あるいは**ロンスキアン**(Wronskian)である．この基準を導入したポーランドの数学者ロンスキー(G. Wronski)にちなんだものである．$W(x)$ と書いたのは，変数 x に対する依存性を意識しているからで，もし y_1, y_2 依存性を強調したいときには $W(y_1, y_2)$ と表わす．

ロンスキー行列式が0でないときは，2つの解は**線形独立**(linearly independent)である．したがって，式(A.4)に現れた2つの解 $\sin x (=y_1)$

と $\cos x\,(=y_2)$ は互いに線形独立である．これに対して，たとえば，$\sin x$ $(=y_1)$ と $2\sin x\,(=2y_1)$ は線形独立ではない．なぜなら

$$W(\sin x, 2\sin x)$$
$$= (\sin x)(2\cos x) - (2\sin x)(\cos x) = 0$$

だからである．

このように，一方の解が他方の解の定数倍になっているとロンスキー行列式が 0 になり，それらの解は線形独立ではなくなる．このことは式の上でも示すことができる．いま 2 つの解 y_1, y_2 が互いに定数倍の関係にあれば

$$y_2/y_1 = \text{定数} \tag{A.37}$$

である ($y_1 \neq 0$ とする)．両辺を x で微分すると

$$\frac{y_1 y_2' - y_2 y_1'}{y_1{}^2} = 0$$

すなわち

$$y_1 y_2' - y_2 y_1' = 0$$

を得るが，これは $W(y_1, y_2) = 0$ にほかならない．

以上をまとめると，

> 2 つの解 y_1, y_2 が線形独立であるためには
>
> $$W(y_1, y_2) \neq 0 \tag{A.38a}$$
>
> が成り立つことである．または同じことであるが
>
> $$y_2/y_1 \neq \text{定数} \tag{A.38b}$$
>
> となっていること

と言いかえてもよい．

これまで述べてきたことは，2 階以上の微分方程式についても成り立つ．3 階の線形微分方程式では 3 つの独立な解が，4 階のときは 4 つの独立な解が，… という具合に，微分方程式の階数の数だけ独立な解が現れる．これらの線形独立性を調べるときもロンスキアンを計算すればよい．これは機械的に計算できるから，解の比例関係を調べていくよりも見通しがよ

い．たとえば，3階の場合の解 y_1, y_2, y_3 に対するロンスキアンは

$$W(y_1, y_2, y_3) \equiv \begin{vmatrix} y_1 & y_2 & y_3 \\ y_1' & y_2' & y_3' \\ y_1'' & y_2'' & y_3'' \end{vmatrix} \tag{A.39}$$

で与えられる．さらに高階の微分方程式についても同様にして定義される．すなわち，まず与えられた微分方程式の階数と同じ数だけの解を1行に並べ，それらをつぎつぎと微分したものをつぎの行に加えていく．こうして縦横に同じ数〔したがって(階数−1)回の微分まで実行したもの〕の行列要素が並んだところで行列式を計算するのである．

独立な解の重ね合わせ

与えられた微分方程式の線形独立な解 $y_1, y_2, \cdots$ の重ね合わせによって一般解

$$y = C_1 y_1 + C_2 y_2 + \cdots$$

が作られると述べてきた．ただし $C_1, C_2, \cdots$ は任意の定数である．この線形独立な解としてどのようなタイプのものが現れるかは微分方程式によってさまざまである．

たとえば，微分方程式の解が指数関数 $e^{s_1 x}, e^{s_2 x}$ で与えられたとすると

$$W(e^{s_1 x}, e^{s_2 x}) = \begin{vmatrix} e^{s_1 x} & e^{s_2 x} \\ s_1 e^{s_1 x} & s_2 e^{s_2 x} \end{vmatrix} = (s_2 - s_1) e^{(s_1 + s_2) x}$$

であるから，$s_2 \neq s_1$ のときに $e^{s_1 x}$ と $e^{s_2 x}$ は線形独立である．したがって，一般解は

$$y = C_1 e^{s_1 x} + C_2 e^{s_2 x} \tag{A.40}$$

となる．このような解については ポイント 4 で詳しく述べた．

またこれとは逆に，線形独立な関数を重ね合わせたものが与えられた微分方程式の解となるようにできないか，という発想もある．

たとえば，

$$W(1, x) = \begin{vmatrix} 1 & x \\ 0 & 1 \end{vmatrix} = 1 \neq 0, \quad W(1, x, x^2) = \begin{vmatrix} 1 & x & x^2 \\ 0 & 1 & 2x \\ 0 & 0 & 2 \end{vmatrix} = 2 \neq 0$$

ポイントA◉解の重ね合わせと線形性

を考えると

$$y = C_0 + C_1 x + C_2 x^2 + \cdots \tag{A.41}$$

のような形の一般解がありそうである．これは ポイント 6 で述べた**ベキ級数**(power series)である．

　これらのほかにも互いに独立な関数の重ね合わせを用いた解法が数多く知られている．

　線形独立な関数というものは一種の"座標軸のような役割"を持っている．直角座標系(x, y, z)においてはそれぞれの座標が与えられれば，その点の位置がわかる．あるいは，互いに直交する"ベクトルのようなもの"であると言ってもよい．3次元の空間なら，3つの直交するベクトルを何倍かして加え合わせれば空間内のどの点も表わせる．これと同じように，線形独立な解がすべてわかれば，それぞれの"関数軸"の方向の係数(振幅)を与えることにより，どのような解も表わせることになる．

　したがって，微分方程式の解が簡単な積分で表わせないけれども数値計算に持ち込まないで解析的に扱いたいときや，解が簡単な形に表わされているときでもその特徴を見るために，一度それぞれの"関数軸"の方向に分解し，そののちにふたたび重ね合わせるということもしばしば行なわれる．

　このように「独立な関数の重ね合わせ」という考え方は大変重要であり，それが可能であるための大前提が方程式の線形性にあるのである．

あとがき

　微分方程式は自然科学から社会科学にいたる広い分野において基本的な重要性を占めるために，古くから非常に多くの書物が出版されている．試みに店頭で数冊を手にしてみると，数学的な側面に焦点を当てたものや，実用書として解法のテクニックを集めたものまで，そのスペクトルの幅はきわめて広い．膨大な数の書物があり，またどの1冊にも往々にして著者がたくさんの内容を盛りこんでいるということが，大学ではじめて微分方程式を学ぶ学生に大変な負担感を与えているのではないだろうか．これにさらにまた1冊を加えようというのであるから自己矛盾のような気もする．

　しかし，実際に微分方程式を解く上で生じた疑問点は同種の本をいくら読んでもなかなか解決できるものではなく，不安なままやむを得ず結果をまる覚えするようなことになりかねない．少ない知識でも自分のものになっていれば，それを少し拡張するだけでかなり高度の問題も解けるようになるはずである．与え過ぎて消化不良を起こさせてはいけない．できるかぎり要点をしぼり，それについては納得がいくようにかみ砕いて説明をする．そのような本も必要なのではないか．これが本書を執筆する動機であった．

　さて，微分方程式のキーポイントを絞り込んだ結果，当然のことながら，微分方程式の解法というもの全体から見ればかなりの部分が抜け落ちてし

まった．たとえば，1階連立微分方程式系，特異解，フーリエ変換，特殊関数，解の安定性，数値解析，などのテーマは本書でほとんどあるいはまったく扱えなかった．しかし本書で強調してきたような，微分方程式の解法の奥に潜む考え方さえ理解していれば，さらに詳しい専門書に読み進んでもさほど抵抗を感じないのではないかと期待している．これらの点を補いあるいはさらに詳しく学習するために，独断的ではあるがいくつか著者の目についた参考書をあげておこう．

　まず，微分方程式を解くことに主眼をおいた一般的な教科書・参考書として，

[1] 田辺行人，藤原毅夫著：常微分方程式（東京大学基礎工学双書），東京大学出版会（1981）

[2] 浅野功義，和達三樹著：常微分方程式（理工学者が書いた数学の本2），講談社（1987）

[3] 矢嶋信男著：常微分方程式（理工系の数学入門コース4），岩波書店（1989）

[4] 寺沢寛一著：自然科学者のための数学概論［増訂版］，岩波書店（1954），第6,7章（第10,11章は特殊関数，第14章はグリーン関数の記述）

[5] I.S.ソコルニコフ，R.M.レッドヘッファー著：Mathematics of Physics and Modern Engineering, McGraw-Hill Kogakusha(1966), 第2,3章

[6] G.アルフケン著：Mathematical Methods for Physicists, Academic Press(1985), 第8章（第9〜14章は直交関数系，第15章はフーリエ変換とラプラス変換）

などがあり，本書で扱えなかったテーマについても平易に書かれている．また

[7] 矢野健太郎著：大学演習微分方程式，裳華房（1957）

[8] 石津武彦，佐藤正千代，金子尚武著：応用数学演習1,2，培風館（1969）

[9]　エアーズ著(三嶋信彦訳)：微分方程式(マグロウヒル大学演習シリーズ)，マグロウヒル(1985)

などの演習書は豊富な問題とその解答例を含んでいる．これらもただ量をこなすのではなく，基礎的な事項がどのように生かされているかを確認しながら学習することが大事である．また，数学書の中でも

　　[10]　古屋茂著：微分方程式入門，サイエンス社(1970)
　　[11]　藤本淳夫著：応用微分方程式，培風館(1984)
　　[12]　B.スミルノフ著(彌永昌吉，他監訳)：高等数学教程Ⅱ-1(邦訳は第3巻)，共立出版(1958)

などは物理学や工学上の応用問題との関連性が重視され，具体性があって比較的読みやすい．さらに，微分方程式の解の存在や一意性，安定性など基礎的なことから本格的に勉強するには，たとえば

　　[13]　福原満洲雄著：常微分方程式(第2版)，岩波全書(1980)
　　[14]　E.A.コディントン，N.レヴィンソン著(吉田節三訳)：常微分方程式論(上，下)，吉岡書店(1968)
　　[15]　L.ポントリャーギン著(木村俊房校閲，千葉克裕訳)：常微分方程式，共立出版(1963)

などが薦められる．

　1階連立線形常微分方程式系は多くの変数が互いに相互作用をしながら変化をする系，たとえば格子点に置かれた原子・分子の振動や，システム工学・構造力学など幅広い理工学の分野に現れる．また高階微分方程式では$y, y', y'', \cdots$を新しい変数に選ぶとこれらの変数に対する1階連立微分方程式系に帰着できる．本書でも取り上げたいテーマであったが，この解法は行列の固有値や対角化といった線形代数の知識をかなり必要とするので，見送ることにした．これは難易度の差はあれ，上にあげたどの文献にも触れられているし，とくにこのキーポイントシリーズ2「線形代数」の ポイント 8～10 にはわかりやすい説明がある．また

　　[16]　笠原晧司著：新微分方程式対話——固有値を軸として——，現代数学社(1970)

は先生と学生たちの関西弁による対話型の教科書で，思わずその語り口に誘われて読み進んでしまう気楽さがよい．

　数値解析については，　ポイント 1でごく簡単にしか触れなかった．微分方程式が解析的には求められないが，何とかして答えを出さなければならないときには数値計算が強力な武器になる．とくに非線形常微分方程式系が示すさまざまな解の振舞いの研究には威力を発揮する．数値計算の微分方程式への応用は文献[1]～[3]にもあるが，さらに詳しくは専門書を参照されたい．数多い参考書の中で

　　[17]　P. ヘンリッチ著(清水留三郎，小林光夫共訳)：計算機による常微
　　　　　分方程式の解法 I, II，サイエンス社(1973)

は代表的な教科書である．もっと気軽に読むには，たとえば

　　[18]　一松信著：数値解析，朝倉書店(1982)
　　[19]　洲之内治男著：数値計算，サイエンス社(1978)，第 4, 7 章

などが参考になる．数値解析では，扱う方程式に内在する性質を反映した適切な差分スキームやステップを用いないと，正しい解が得られないことがあるので注意が必要である．数値計算ではないが，コンピュータを用いて数式を解析的に扱うことも近年さかんに行なわれている．それを微分方程式に応用するには，たとえば

　　[20]　渡辺隼郎著：常微分方程式の数式処理，教育出版(1974)

が参考になる．

　演算子法やラプラス変換は，理工学の諸分野でもっとも多用されているテクニックの1つであろう．その意味ではもう少しページを割きたいとも考えた．しかし，この方法の本質的な部分は，じつは本書で説明した程度でほぼ尽くされており，あとはこれを拡張するだけである．具体的な問題を解くことにより，さらに力をつけて欲しい．とくに電気回路特性の解析において入力に対する出力の過渡的な変動波形を求める問題などにはラプラス変換が威力を発揮する．ラプラス逆変換の一般表式やフーリエ変換との関係(複素平面上で積分を実行する経路を 90°回転するとフーリエ変換とラプラス変換が移り変わること)などについては，複素関数論を学んで

はじめて理解できるところなので本書では割愛した．

　紙数の都合で，2次元や3次元のグリーン関数についても具体例を示す余裕がなかった．たとえば空間の1点に置かれた電荷の作る電位や電場などを表わす関数は，3次元のグリーン関数であり，ポテンシャル問題と呼ばれる一群の数理物理学的問題に頻繁に現れるものである．また量子力学や物性論で，入射波に対する散乱波の波動関数を計算するときにも，グリーン関数を用いた表現がなされる．本書で説明した1次元の場合をほんの少し拡張するだけである．その拡張のしかたや表現の便利さをそれぞれの専門書で味わって欲しい．

　数理物理学では2つ以上の変数に依存した，いわゆる偏微分方程式を扱うことが多い．これを適当な座標系を用いて変数分離すると，いくつかの常微分方程式の系に分解できる．ポイント 6 で述べたベッセル方程式もその1つである．この方程式の解であるベッセル関数や，同様にして得られるルジャンドル，ラゲル，エルミート，…などの諸関数は，特殊関数と呼ばれているものである．これらの解の性質も，級数解で調べることができる．特殊関数を知っているといろいろな問題の解が簡潔に表わされ見通しがよい．特殊関数については参考文献にあげた[4]～[6]の他にも非常に多くの専門書があるが

　[21]　犬井鉄郎著：特殊函数，岩波全書(1962)

は比較的読みやすい．

　いくつか参考になりそうな本を紹介してきたが，もちろんこれに限るものではない．はじめにも述べたように，肝心なのは読者が自分の感性に合った本を選び，自分のペースで充分に咀嚼することである．ゆっくりでも着実な歩みを期待したい．

さくいん

ア 行

RC 回路　　102
一意性　　147, 155
一般解　　10, 32, 56, 70, 84, 93, 182
演算子法　　87, 106
オイラー型　　79
オイラーの公式　　72

カ 行

解　　9
解曲線　　21, 141
階数　　9
階数低下法　　65
解の衝突　　147, 151
解の独立性　　76, 82, 126, 131, 135, 183, 187
確定特異点　　125, 127
過減衰　　78
重ね合わせ　　164, 176
完全微分形　　32, 35
完全微分方程式　　35
逆演算子　　92, 96
級数解　　118, 124
級数の収束　　112

境界条件　　160, 166, 171
強制振動　　98, 106, 172
グリーン関数　　159, 162, 165, 170
決定方程式　　116, 126, 133
減衰振動　　79

サ 行

差分　　18
指数関数　　68
指数関数解　　69, 76, 83
指数方程式　　117
集中した力　　162
常微分方程式　　7
初期条件　　10, 141
スキーム　　20
正則点　　110
積分　　3, 6
積分因数　　24, 43, 44
積分演算子　　99
積分回路　　103
積分方程式　　144
積分路　　40
漸化式　　111, 115, 117, 127
線形　　6, 71, 164, 176
線形独立（1次独立）　　76, 185

線積分　40
全微分　30
全微分方程式　34

タ 行

たたみこみ　105
単振動　74, 114
通常点　110
定数係数　72, 75, 84, 90
定数変化法　52, 55, 57
テイラー展開　30, 77, 108, 161
デルタ関数　167
導関数　4
同次方程式　27, 55, 64, 72, 93, 166, 181
特異点　110, 125
特解　10, 56, 63, 91, 169, 182
特性方程式　76, 81, 84, 88

ハ 行

ピカールの逐次近似法　140
非線形　71, 177
非同次方程式　27, 55, 91, 169, 181
微分　3

微分演算子　75, 88, 169, 179
微分回路　103
微分係数（微係数）　4
ヘヴィサイド関数　168
ベキ級数展開　108, 110
ベッセル関数　128, 136
ベッセルの方程式　126
ベルヌーイの方程式　28
変数分離形　14
変数分離法　12, 14
偏微分係数　30
方向の場　21

マ 行

マルサスの法則　12, 52, 69, 110
無限級数　113

ラ 行

ラプラス逆変換　101
ラプラス変換　100, 104
リプシッツ条件　153, 154
臨界減衰　79
ロンスキー行列式（ロンスキアン）　58, 131, 185

■岩波オンデマンドブックス■

理工系数学のキーポイント 5
キーポイント 微分方程式

1993 年 1 月22日　第 1 刷発行
2015 年 11月 5 日　第21刷発行
2019 年 1 月10日　オンデマンド版発行

著　者　佐野　理
　　　　（さの　おさむ）

発行者　岡本　厚

発行所　株式会社　岩波書店
　　　　〒101-8002　東京都千代田区一ツ橋 2-5-5
　　　　電話案内　03-5210-4000
　　　　http://www.iwanami.co.jp/

印刷／製本・法令印刷

© Osamu Sano 2019
ISBN 978-4-00-730846-8　　Printed in Japan